建筑施工百问系列丛书

防 水 工 程

北京建工培训中心　组织编写

中国建筑工业出版社

图书在版编目（CIP）数据

防水工程/北京建工培训中心组织编写. —北京：中国建筑工业出版社，2011.11
（建筑施工百问系列丛书）
ISBN 978-7-112-13627-8

Ⅰ. ①防…　Ⅱ. ①北…　Ⅲ. ①建筑防水-工程施工-问题解答　Ⅳ. ①TU761.1-44

中国版本图书馆 CIP 数据核字（2011）第 199397 号

建筑施工百问系列丛书
防水工程
北京建工培训中心　组织编写
*
中国建筑工业出版社出版、发行（北京西郊百万庄）
各地新华书店、建筑书店经销
北京红光制版公司制版
北京市密东印刷有限公司印刷
*
开本：850×1168 毫米　1/32　印张：5½　字数：148 千字
2011 年 12 月第一版　　2011 年 12 月第一次印刷
定价：**16.00** 元
ISBN 978-7-112-13627-8
（21307）

本书是“建筑施工百问系列丛书”之一。作者以防水工程为专题，采用一问一答的形式，对工程中所涉及的各类问题作了详细解答。主要内容有：建筑防水工程的重要性及内容、地下室防水工程、屋面工程防水、厕浴间工程防水等。语言力求通俗易懂、图文并茂，便于基层技术、管理人员和操作人员掌握，起到自学辅导用书的作用，同时也可作为技术培训参考用书。

* * *

责任编辑：周世明
责任设计：张　虹
责任校对：党　蕾　赵　颖

北京建工培训中心
《建筑施工百问系列丛书》
编写委员会

前　言

根据国内建筑市场的发展需要，为了使广大从事建筑施工的人员能对当前新材料、新工艺、新技术的飞速发展，以及对国家和行业规范规程不断更新的现状有一个比较深入全面的了解与掌握，北京建工培训中心在多年从事建筑施工人员岗位培训的基础上，邀请组织集团资深技术人员和顾问专家编写建筑施工百问系列丛书。该系列分：地基和基础工程、砌筑工程、混凝土结构工程（包括模板、钢筋、预应力、混凝土工程）、钢结构工程、防水工程（包括地下、屋面、楼层防水）、装饰装修工程、给排水及建筑设备安装工程、建筑电气安装工程、建筑节能技术和测量工程等。

这次组织编写的内容，采取一问一答的形式，力求所答的内容做到“新”即符合新标准，属于新技术；“详”即问题回答详细，通俗易懂，目的是既便于基层技术管理人员掌握，也使操作人员能看懂，起到继续再教育的作用。

本系列丛书在编写中正处国家行业标准大量修订中，本书编写尽量采用新标准。另外，由于编写者水平限制，难免存在挂一漏万和错误，恳请广大读者指正。

目　　录

一、建筑防水工程的重要性及内容

1-1 为什么建筑防水工程很重要？

建筑工程防水是建筑产品的一项重要使用功能，既关系到人们居住和使用的环境、卫生条件，也直接影响着建筑物的使用寿命。

1-2 建筑防水工程包括哪些内容？

建筑物的防水工程，按其工程部位可分为：地下室、屋面、外墙面、室内厨房和卫生间及楼层游泳池、屋顶花园等防水；按其防水材料性能及构造做法可分为：刚性防水、柔性防水以及刚柔结合防水等。

1-3 我国建筑防水工程有哪些发展？

我国的建筑工程防水技术，近20多年来，全国各地的科研、生产、设计、施工等单位，为了解决建筑工程防水问题，积极引进和开发应用了大批新材料、新工艺、新技术、新设备，结合各种高层建筑工程防水的特点和要求，选用拉伸强度较高、延伸率较大、耐老化性能较好、对基层伸缩或开裂变形适应性较强的弹性或弹塑性的新型防水材料，采用防排结合、刚柔并用、复合防水、整体密封以及应用冷粘法、热熔法、焊接法、冷热结合法进行满粘、条粘、点粘、空铺或机械固定处理等综合防治的技术措施，取得了明显的效果。根据高层建筑工程的特点，只要进行合理的防水设计、认真选材，积极推广应用行之有效的新材料、新技术、新工艺、新设备、精心施工，精心维护，防水工程质量有保证的。

二、地下室防水工程

2-1 地下工程的防水等级有哪些规定?

地下工程的防水等级标准应符合表 2-1 的规定。

地下工程防水等级标准　　表 2-1

防水等级	防　水　标　准
一　级	不允许渗水，结构表面无湿渍
二　级	不允许漏水，结构表面可有少量湿渍； 房屋建筑地下工程：总湿渍面积不应大于总防水面积（包括顶板、墙面、地面）的 1/1000；任意 $100m^2$ 防水面积上的湿渍不超过 2 处，单个湿渍的最大面积不大于 $0.1m^2$； 其他地下工程：总湿渍面积不应大于总防水面积的2/1000；任意 $100m^2$ 防水面积上的湿渍不超过 3 处，单个湿渍的最大面积不大于 $0.2m^2$；其中，隧道工程平均渗水量不大于 $0.05L/(m^2\cdot d)$，任意 $100m^2$ 防水面积上的渗水量不大于 $0.15L/(m^2\cdot d)$
三　级	有少量漏水点，不得有线流和漏泥砂； 任意 $100m^2$ 防水面积上的漏水或湿渍点数不超过 7 处，单个漏水点的最大漏水量不大于 2.5L/d，单个湿渍的最大面积不大于 $0.3m^2$
四　级	有漏水点，不得有线流和漏泥砂； 整个工程平均漏水量不大于 $2L/(m^2\cdot d)$；任意 $100m^2$ 防水面积上的平均漏水量不大于 $4L/(m^2\cdot d)$

2-2 地下工程防水设防有哪几种方法?

明挖法和暗挖法地下工程的防水设防应按表 2-2 和表 2-3 选用。

明挖法地下工程防水设防 表 2-2

工程部位		主体结构							施工缝							后浇带				变形缝、诱导缝					
防水措施		防水混凝土	防水卷材	防水涂料	塑料防水板	膨润土防水材料	防水砂浆	金属板	遇水膨胀止水条或止水胶	外贴式止水带	中埋式止水带	外抹防水砂浆	外涂防水涂料	水泥基渗透结晶型防水涂料	预埋注浆管	补偿收缩混凝土	外贴式止水带	预埋注浆管	遇水膨胀止水条或止水胶	中埋式止水带	外贴式止水带	可卸式止水带	防水密封材料	外贴防水卷材	外涂防水涂料
防水等级	一级	应选	应选一种至二种						应选二种							应选	应选二种			应选	应选二种				
	二级	应选	应选一种						应选一种至二种							应选	应选一种至二种			应选	应选一种至二种				
	三级	应选	宜选一种						宜选一种至二种							应选	宜选一种至二种			应选	宜选一种至二种				
	四级	宜选	—						宜选一种							应选	宜选一种			应选	宜选一种				

暗挖法地下工程防水设防　　表 2-3

工程部位		衬砌结构							内衬砌施工缝						内衬砌变形缝、诱导缝			
防水措施		防水混凝土	防水卷材	防水涂料	塑料防水板	膨润土防水材料	防水砂浆	金属板	遇水膨胀止水条或止水胶	外贴式止水带	中埋式止水带	防水密封材料	水泥基渗透结晶型防水涂料	预埋注浆管	中埋式止水带	外贴式止水带	可卸式止水带	防水密封材料
防水等级	一级	必选	应选一种至二种						应选一种至二种						应选	应选一种至二种		
	二级	应选	应选一种						应选一种						应选	应选一种		
	三级	宜选	宜选一种						宜选一种						应选	宜选一种		
	四级	宜选	宜选一种						宜选一种						应选	宜选一种		

2-3 对地下防水工程使用的防水材料选用有哪些规定？

（1）地下防水工程必须由持有资质等级证书的防水专业队伍进行施工，主要施工人员应持有省级及以上建设行政主管部门或其指定单位颁发的执业资格证书或防水专业岗位证书。

（2）地下防水工程施工前，应通过图纸会审，掌握结构主体及细部构造的防水要求，施工单位应编制防水工程专项施工方案，经监理单位或建设单位审查批准后执行。

（3）地下工程所使用防水材料的品种、规格、性能等必须符合现行国家或行业产品标准和设计要求。

（4）防水材料必须经具备相应资质的检测单位进行抽样检验，并出具产品性能检测报告。

（5）防水材料的进场验收应符合下列规定：

1）对材料的外观、品种、规格、包装、尺寸和数量等进行检查验收，并经监理单位或建设单位代表检查确认，形成相应验收记录；

2）对材料的质量证明文件进行检查，并经监理单位或建设单位代表检查确认，纳入工程技术档案；

3）材料进场后应按表 2-4～表 2-19 的规定抽样检验，检验应执行见证取样送检制度，并出具材料进场检验报告；

①防水卷材质量指标

高聚物改性沥青类防水卷材的主要物理性能　　表 2-4

项　目	指　标				
	弹性体改性沥青防水卷材			自粘聚合物改性沥青防水卷材	
	聚酯毡胎体	玻纤毡胎体	聚乙烯膜胎体	聚酯毡胎体	无胎体
可溶物含量（g/m^2）	3mm 厚≥2100 4mm 厚≥2900			3mm 厚≥2100	—

续表

<table>
<tr><td colspan="2" rowspan="3">项目</td><td colspan="5">指标</td></tr>
<tr><td colspan="3">弹性体改性沥青防水卷材</td><td colspan="2">自粘聚合物改性沥青防水卷材</td></tr>
<tr><td>聚酯毡胎体</td><td>玻纤毡胎体</td><td>聚乙烯膜胎体</td><td>聚酯毡胎体</td><td>无胎体</td></tr>
<tr><td rowspan="3">拉伸性能</td><td rowspan="2">拉力（N/50mm）</td><td rowspan="2">≥800（纵横向）</td><td rowspan="2">≥500（纵横向）</td><td>≥140（纵向）</td><td rowspan="2">≥450（纵横向）</td><td rowspan="2">≥180（纵横向）</td></tr>
<tr><td>≥120（横向）</td></tr>
<tr><td>延伸率（%）</td><td>最大拉力时≥40（纵横向）</td><td>—</td><td>断裂时≥250（纵横向）</td><td>最大拉力时≥30（纵横向）</td><td>断裂时≥200（纵横向）</td></tr>
<tr><td colspan="2">低温柔度（℃）</td><td colspan="5">−25，无裂纹</td></tr>
<tr><td colspan="2">热老化后低温柔度（℃）</td><td colspan="2">−20，无裂纹</td><td colspan="3">−22，无裂纹</td></tr>
<tr><td colspan="2">不透水性</td><td colspan="5">压力 0.3MPa，保持时间 120min，不透水</td></tr>
</table>

合成高分子类防水卷材的主要物理性能　　表 2-5

项目	指标			
	三元乙丙橡胶防水卷材	聚氯乙烯防水卷材	聚乙烯丙纶复合防水卷材	高分子自粘胶膜防水卷材
断裂拉伸强度	≥7.5MPa	≥12MPa	≥60N/10mm	≥100N/10mm
断裂伸长率（%）	≥450	≥250	≥300	≥400
低温弯折性（℃）	−40，无裂纹	−20，无裂纹	−20，无裂纹	−20，无裂纹
不透水性	压力 0.3MPa，保持时间 120min，不透水			
撕裂强度	≥25kN/m	≥40kN/m	≥20N/10mm	≥120N/10mm
复合强度（表层与芯层）	—	—	≥1.2N/mm	—

聚合物水泥防水粘结材料的主要物理性能 **表 2-6**

项　　目		指　　标
与水泥基面的粘结拉伸强度（MPa）	常温 7d	≥0.6
	耐水性	≥0.4
	耐冻性	≥0.4
可操作时间（h）		≥2
抗渗性（MPa，7d）		≥1.0
剪切状态下的粘合性（N/mm，常温）	卷材与卷材	≥2.0 或卷材断裂
	卷材与基面	≥1.8 或卷材断裂

②防水涂料质量指标

有机防水涂料的主要物理性能 **表 2-7**

项　　目		指　　标		
		反应型防水涂料	水乳型防水涂料	聚合物水泥防水涂料
可操作时间（min）		≥20	≥50	≥30
潮湿基面粘结强度（MPa）		≥0.5	≥0.2	≥1.0
抗渗性（MPa）	涂膜（120min）	≥0.3	≥0.3	≥0.3
	砂浆迎水面	≥0.8	≥0.8	≥0.8
	砂浆背水面	≥0.3	≥0.3	≥0.6
浸水 168h 后拉伸强度（MPa）		≥1.7	≥0.5	≥1.5
浸水 168h 后断裂伸长率（%）		≥400	≥350	≥80
耐水性（%）		≥80	≥80	≥80
表干（h）		≤12	≤4	≤4
实干（h）		≤24	≤12	≤12

注：1. 浸水 168h 后的拉伸强度和断裂伸长率是在浸水取出后只经擦干即进行试验所得的值；

2. 耐水性指标是指材料浸水 168h 后取出擦干即进行试验，其粘结强度及抗渗性的保持率。

无机防水涂料的主要物理性能　　表 2-8

项　　目	指　　标	
	掺外加剂、掺合料水泥基防水涂料	水泥基渗透结晶型防水涂料
抗折强度（MPa）	>4	≥4
粘结强度（MPa）	>1.0	≥1.0
一次抗渗性（MPa）	>0.8	>1.0
二次抗渗性（MPa）	—	>0.8
冻融循环（次）	>50	>50

③止水密封材料质量指标

橡胶止水带的主要物理性能　　表 2-9

项　　目			指　　标		
			变形缝用止水带	施工缝用止水带	有特殊耐老化要求的接缝用止水带
硬度（邵尔 A，度）			60±5	60±5	60±5
拉伸强度（MPa）			≥15	≥12	≥10
扯断伸长率（%）			≥380	≥380	≥300
压缩永久变形（%）	70℃×24h		≤35	≤35	≤25
	23℃×168h		≤20	≤20	≤20
撕裂强度（kN/m）			≥30	≥25	≥25
脆性温度（℃）			≤−45	≤−40	≤−40
热空气老化	70℃×168h	硬度变化（邵尔 A，度）	+8	+8	—
		拉伸强度（MPa）	≥12	≥10	—
		扯断伸长率（%）	≥300	≥300	—
	100℃×168h	硬度变化（邵尔 A，度）	—	—	+8
		拉伸强度（MPa）	—	—	≥9
		扯断伸长率（%）	—	—	≥250
橡胶与金属粘合			断面在弹性体内		

注：橡胶与金属粘合指标仅适用于具有钢边的止水带。

混凝土建筑接缝用密封胶的主要物理性能　　表 2-10

<table>
<tr><th colspan="3" rowspan="2">项　目</th><th colspan="4">指　标</th></tr>
<tr><th>25(低模量)</th><th>25(高模量)</th><th>20(低模量)</th><th>20(高模量)</th></tr>
<tr><td rowspan="3">流动性</td><td rowspan="2">下垂度(N型)</td><td>垂直(mm)</td><td colspan="4">≤3</td></tr>
<tr><td>水平(mm)</td><td colspan="4">≤3</td></tr>
<tr><td colspan="2">流平性(S型)</td><td colspan="4">光滑平整</td></tr>
<tr><td colspan="3">挤出性(mL/min)</td><td colspan="4">≥80</td></tr>
<tr><td colspan="3">弹性恢复率(%)</td><td colspan="2">≥80</td><td colspan="2">≥60</td></tr>
<tr><td colspan="2" rowspan="2">拉伸模量(MPa)</td><td>23℃</td><td>≤0.4 和</td><td>>0.4 或</td><td>≤0.4 和</td><td>>0.4 或</td></tr>
<tr><td>−20℃</td><td>≤0.6</td><td>>0.6</td><td>≤0.6</td><td>>0.6</td></tr>
<tr><td colspan="3">定伸粘结性</td><td colspan="4">无破坏</td></tr>
<tr><td colspan="3">浸水后定伸粘结性</td><td colspan="4">无破坏</td></tr>
<tr><td colspan="3">热压冷拉后粘结性</td><td colspan="4">无破坏</td></tr>
<tr><td colspan="3">体积收缩率(%)</td><td colspan="4">≤25</td></tr>
</table>

注：体积收缩率仅适用于乳胶型和溶剂型产品。

腻子型遇水膨胀止水条的主要物理性能　　表 2-11

项　目	指　标
硬度(C 型微孔材料硬度计，度)	≤40
7d 膨胀率	≤最终膨胀率的 60%
最终膨胀率(21d，%)	≥220
耐热性(80℃×2h)	无流淌
低温柔性(−20℃×2h，绕 ϕ10 圆棒)	无裂纹
耐水性(浸泡 15h)	整体膨胀无碎块

遇水膨胀止水胶的主要物理性能　　表 2-12

项　目	指　标	
	PJ220	PJ400
固含量(%)	≥85	
密度(g/cm^3)	规定值±0.1	
下垂度(mm)	≤2	

续表

项　　目		指　　标	
		PJ220	PJ400
表干时间(h)		≤24	
7d拉伸粘结强度(MPa)		≥0.4	≥0.2
低温柔性(−20℃)		无裂纹	
拉伸性能	拉伸强度(MPa)	≥0.5	
	断裂伸长率(%)	≥400	
体积膨胀倍率(%)		≥220	≥400
长期浸水体积膨胀倍率保持率(%)		≥90	
抗水压(MPa)		1.5，不渗水	2.5，不渗水

弹性橡胶密封垫材料的主要物理性能　　表2-13

项　　目		指　　标	
		氯丁橡胶	三元乙丙橡胶
硬度(邵尔A，度)		45±5～60±5	55±5～70±5
伸长率(%)		≥350	≥330
拉伸强度(MPa)		≥10.5	≥9.5
热空气老化(70℃×96h)	硬度变化值(邵尔A，度)	≤+8	≤+6
	拉伸强度变化率(%)	≥−20	≥−15
	扯断伸长率变化率(%)	≥−30	≥−30
压缩永久变形(70℃×24h,%)		≤35	≤28
防霉等级		达到与优于2级	达到与优于2级

注：以上指标均为成品切片测试的数据，若只能以胶料制成试样测试，则其伸长率、拉伸强度应达到本指标的120%。

遇水膨胀橡胶密封垫胶料的主要物理性能　　表2-14

项　　目	指　　标		
	PZ-150	PZ-250	PZ-400
硬度(邵尔A，度)	42±7	42±7	45±7
拉伸强度(MPa)	≥3.5	≥3.5	≥3.0

续表

项目		指标		
		PZ-150	PZ-250	PZ-400
扯断伸长率(%)		≥450	≥450	≥350
体积膨胀倍率(%)		≥150	≥250	≥400
反复浸水试验	拉伸强度(MPa)	≥3	≥3	≥2
	扯断伸长率(%)	≥350	≥350	≥250
	体积膨胀倍率(%)	≥150	≥250	≥300
低温弯折(−20℃×2h)		无裂纹		
防霉等级		达到与优于2级		

注：1. PZ-×××是指产品工艺为制品型，按产品在静态蒸馏水中的体积膨胀倍率（即浸泡后的试样质量与浸泡前的试样质量的比率）划分的类型；

2. 成品切片测试应达到本指标的80%；

3. 接头部位的拉伸强度指标不得低于本指标的50%。

④其他防水材料质量指标

防水砂浆的主要物理性能　　表 2-15

项目	指标	
	掺外加剂、掺合料的防水砂浆	聚合物水泥防水砂浆
粘结强度(MPa)	>0.6	>1.2
抗渗性(MPa)	≥0.8	≥1.5
抗折强度(MPa)	同普通砂浆	≥8.0
干缩率(%)	同普通砂浆	≤0.15
吸水率(%)	≤3	≤4
冻融循环(次)	>50	>50
耐碱性	10%NaOH溶液浸泡14d无变化	—
耐水性(%)	—	≥80

注：耐水性指标是指砂浆浸水168h后材料的粘结强度及抗渗性的保持率。

塑料防水板的主要物理性能 **表 2-16**

项目	指标			
	乙烯—醋酸乙烯共聚物	乙烯—沥青共混聚合物	聚氯乙烯	高密度聚乙烯
拉伸强度(MPa)	≥16	≥14	≥10	≥16
断裂延伸率(%)	≥550	≥500	≥200	≥550
不透水性(120min，MPa)	≥0.3	≥0.3	≥0.3	≥0.3
低温弯折性(℃)	−35，无裂纹	−35，无裂纹	−20，无裂纹	−35，无裂纹
热处理尺寸变化率(%)	≤2.0	≤2.5	≤2.0	≤2.0

膨润土防水毯的主要物理性能 **表 2-17**

项目		指标		
		针刺法钠基膨润土防水毯	刺覆膜法钠基膨润土防水毯	胶粘法钠基膨润土防水毯
单位面积质量(干重，g/m^2)		≥4000		
膨润土膨胀指数(mL/2g)		≥24		
拉伸强度(N/100mm)		≥600	≥700	≥600
最大负荷下伸长率(%)		≥10	≥10	≥8
剥离强度	非织造布—编织布(N/100mm)	≥40	≥40	—
	PE 膜—非织造布(N/100mm)	—	≥30	—
渗透系数(m/s)		$\leqslant 5.0\times10^{-11}$	$\leqslant 5.0\times10^{-12}$	$\leqslant 1.0\times10^{-12}$
滤失量(mL)		≤18		
膨润土耐久性(mL/2g)		≥20		

(6)地下工程用防水材料标准及进场抽样检验

地下工程用防水材料标准　　表 2-18

类别	标 准 名 称	标 准 号
防水卷材	1 聚氯乙烯防水卷材	GB 12952
	2 高分子防水材料　第 1 部分　片材	GB 18173.1
	3 弹性体改性沥青防水卷材	GB 18242
	4 改性沥青聚乙烯胎防水卷材	GB 18967
	5 带自粘层的防水卷材	GB/T 23260
	6 自粘聚合物改性沥青防水卷材	GB 23441
	7 预铺/湿铺防水卷材	GB/T 23457
防水涂料	1 聚氨酯防水涂料	GB/T 19250
	2 聚合物乳液建筑防水涂料	JC/T 864
	3 聚合物水泥防水涂料	JC/T 894
	4 建筑防水涂料用聚合物乳液	JC/T 1017
密封材料	1 聚氨酯建筑密封胶	JC/T 482
	2 聚硫建筑密封胶	JC/T 483
	3 混凝土建筑接缝用密封胶	JC/T 881
	4 丁基橡胶防水密封胶粘带	JC/T 942
其他防水材料	1 高分子防水材料　第 2 部分　止水带	GB 18173.2
	2 高分子防水材料　第 3 部分　遇水膨胀橡胶	GB 18173.3
	3 高分子防水卷材胶粘剂	JC/T 863
	4 沥青基防水卷材用基层处理剂	JC/T 1069
	5 膨润土橡胶遇水膨胀止水条	JG/T 141
	6 遇水膨胀止水胶	JG/T 312
	7 钠基膨润土防水毯	JG/T 193
刚性防水材料	1 水泥基渗透结晶型防水材料	GB 18445
	2 砂浆、混凝土防水剂	JC 474
	3 混凝土膨胀剂	GB 23439
	4 聚合物水泥防水砂浆	JC/T 984
防水材料试验方法	1 建筑防水卷材试验方法	GB/T 328
	2 建筑胶粘剂试验方法	GB/T 12954
	3 建筑密封材料试验方法	GB/T 13477
	4 建筑防水涂料试验方法	GB/T 16777
	5 建筑防水材料老化试验方法	GB/T 18244

地下工程用防水材料进场抽样检验　　表 2-19

序号	材料名称	抽样数量	外观质量检验	物理性能检验
1	高聚物改性沥青类防水卷材	大于 1000 卷抽 5 卷，每 500～1000 卷抽 4 卷，100～499 卷抽 3 卷，100 卷以下抽 2 卷，进行规格尺寸和外观质量检验。在外观质量检验合格的卷材中，任取一卷作物理性能检验	断裂、折皱、孔洞、剥离、边缘不整齐，胎体露白、未浸透，撒布材料粒度、颜色，每卷卷材的接头	可溶物含量，拉力，延伸率，低温柔度，热老化后低温柔度，不透水性
2	合成高分子类防水卷材	大于 1000 卷抽 5 卷，每 500～1000 卷抽 4 卷，100～499 卷抽 3 卷，100 卷以下抽 2 卷，进行规格尺寸和外观质量检验。在外观质量检验合格的卷材中，任取一卷作物理性能检验	折痕、杂质、胶块、凹痕，每卷卷材的接头	断裂拉伸强度，断裂伸长率，低温弯折性，不透水性，撕裂强度
3	有机防水涂料	每 5t 为一批，不足 5t 按一批抽样	均匀黏稠体，无凝胶，无结块	潮湿基面粘结强度，涂膜抗渗性，浸水 168h 后拉伸强度，浸水 168h 后断裂伸长率，耐水性
4	无机防水涂料	每 10t 为一批，不足 10t 按一批抽样	液体组分：无杂质、凝胶的均匀乳液 固体组分：无杂质、结块的粉末	抗折强度，粘结强度，抗渗性
5	膨润土防水材料	每 100 卷为一批，不足 100 卷按一批抽样；100 卷以下抽 5 卷，进行尺寸偏差和外观质量检验。在外观质量检验合格的卷材中，任取一卷作物理性能检验	表面平整、厚度均匀，无破洞、破边，无残留断针，针刺均匀	单位面积质量，膨润土膨胀指数，渗透系数、滤失量

续表

序号	材料名称	抽样数量	外观质量检验	物理性能检验
6	混凝土建筑接缝用密封胶	每2t为一批，不足2t按一批抽样	细腻、均匀膏状物或黏稠液体，无气泡、结皮和凝胶现象	流动性、挤出性、定伸粘结性
7	橡胶止水带	每月同标记的止水带产量为一批抽样	尺寸公差；开裂，缺胶，海绵状，中心孔偏心，凹痕，气泡，杂质，明疤	拉伸强度，扯断伸长率，撕裂强度
8	腻子型遇水膨胀止水条	每5000m为一批，不足5000m按一批抽样	尺寸公差；柔软、弹性匀质，色泽均匀，无明显凹凸	硬度，7d膨胀率，最终膨胀率，耐水性
9	遇水膨胀止水胶	每5t为一批，不足5t按一批抽样	细腻、黏稠、均匀膏状物，无气泡、结皮和凝胶	表干时间，拉伸强度，体积膨胀倍率
10	弹性橡胶密封垫材料	每月同标记的密封垫材料产量为一批抽样	尺寸公差；开裂，缺胶，凹痕，气泡，杂质，明疤	硬度，伸长率，拉伸强度，压缩永久变形
11	遇水膨胀橡胶密封垫胶料	每月同标记的膨胀橡胶产量为一批抽样	尺寸公差；开裂，缺胶，凹痕，气泡，杂质，明疤	硬度，拉伸强度，扯断伸长率，体积膨胀倍率，低温弯折
12	聚合物水泥防水砂浆	每10t为一批，不足10t按一批抽样	干粉类：均匀，无结块；乳胶类：液料经搅拌后均匀无沉淀，粉料均匀、无结块	7d粘结强度，7d抗渗性，耐水性

2-4 地下工程防水材料施工对环境气温条件有哪些要求?

地下防水工程不得在雨天、雪天和五级风及其以上时施工;防水材料施工环境气温条件宜符合表 2-20 的规定。

防水材料施工环境气温条件 **表 2-20**

防水材料	施工环境气温条件
高聚物改性沥青防水卷材	冷粘法、自粘法不低于 5℃,热熔法不低于-10℃
合成高分子防水卷材	冷粘法、自粘法不低于 5℃,焊接法不低于-10℃
有机防水涂料	溶剂型-5℃~35℃,反应型、水乳型 5℃~35℃
无机防水涂料	5℃~35℃
防水混凝土、防水砂浆	5℃~35℃
膨润土防水材料	不低于-20℃

2-5 地下防水工程一个子分部包括哪些分项工程?

地下防水工程是一个子分部工程,其分项工程的划分应符合表 2-21 的规定。

地下防水工程的分项工程 **表 2-21**

子分部工程		分 项 工 程
地下防水工程	主体结构防水	防水混凝土、水泥砂浆防水层、卷材防水层、涂料防水层、塑料防水板防水层、金属板防水层、膨润土防水材料防水层
	细部构造防水	施工缝、变形缝、后浇带、穿墙管、埋设件、预留通道接头、桩头、孔口、坑、池
	特殊施工法结构防水	锚喷支护、地下连续墙、盾构隧道、沉井、逆筑结构
	排水	渗排水、盲沟排水、隧道排水、坑道排水、塑料排水板排水
	注浆	预注浆、后注浆、结构裂缝注浆

2-6 地下防水工程的分项工程检验批和抽样检验数量有哪些规定？

地下防水工程的分项工程检验批和抽样检验数量应符合下列规定：

（1）主体结构防水工程和细部构造防水工程应按结构层、变形缝或后浇带等施工段划分检验批；

（2）特殊施工法结构防水工程应按隧道区间、变形缝等施工段划分检验批；

（3）排水工程和注浆工程应各为一个检验批；

（4）各检验批的抽样检验数量：细部构造应为全数检查，其他均应符合本规范的规定。

2-7 地下工程渗漏水调查与检测有哪些规定？

（1）渗漏水调查

1）明挖法地下工程应在混凝土结构和防水层验收合格以及回填土完成后，即可停止降水；待地下水位恢复至自然水位且趋向稳定时，方可进行地下工程渗漏水调查。

2）地下防水工程质量验收时，施工单位必须提供“结构内表面的渗漏水展开图”。

3）房屋建筑地下工程应调查混凝土结构内表面的侧墙和底板。地下商场、地铁车站、军事地下库等单建式地下工程，应调查混凝土结构内表面的侧墙、底板和顶板。

4）施工单位应在“结构内表面的渗漏水展开图”上标示下列内容：

①发现的裂缝位置、宽度、长度和渗漏水现象；

②经堵漏及补强的原渗漏水部位；

③符合防水等级标准的渗漏水位置。

5）渗漏水现象的定义和标识符号，可按表2-22选用。

渗漏水现象的定义和标识符号　　　　表2-22

渗漏水现象	定　义	标识符号
湿渍	地下混凝土结构背水面，呈现明显色泽变化的潮湿斑	#
渗水	地下混凝土结构背水面有水渗出，墙壁上可观察到明显的流挂水迹	○
水珠	地下混凝土结构背水面的顶板或拱顶，可观察到悬垂的水珠，其滴落间隔时间超过1min	◇
滴漏	地下混凝土结构背水面的顶板或拱顶，渗漏水滴落速度至少为1滴/min	▽
线漏	地下混凝土结构背水面，呈渗漏成线或喷水状态	↓

6）“结构内表面的渗漏水展开图”应经检查、核对后，施工单位归入竣工验收资料。

（2）渗漏水检测

1）当被验收的地下工程有结露现象时，不宜进行渗漏水检测。

2）渗漏水检测工具宜按表2-23使用。

渗漏水检测工具　　　　表2-23

名　称	用　途
0.5m～1m钢直尺	量测混凝土湿渍、渗水范围
精度为0.1mm的钢尺	量测混凝土裂缝宽度
放大镜	观测混凝土裂缝
有刻度的塑料量筒	量测滴水量
秒表	量测渗漏水滴落速度
吸墨纸或报纸	检验湿渍与渗水
粉笔	在混凝土上用粉笔勾画湿渍、渗水范围
工作登高扶梯	顶板渗漏水、混凝土裂缝检验
带有密封缘口的规定尺寸方框	量测明显滴漏和连续渗流，根据工程需要可自行设计

3）房屋建筑地下工程渗漏水检测应符合下列要求：

①湿渍检测时，检查人员用干手触摸湿斑，无水分浸润感觉。用吸墨纸或报纸贴附，纸不变颜色；要用粉笔勾画出湿渍范

围，然后用钢尺测量并计算面积，标示在“结构内表面的渗漏水展开图”上。

②渗水检测时，检查人员用于手触摸可感觉到水分浸润，手上会沾有水分。用吸墨纸或报纸贴附，纸会浸润变颜色；要用粉笔勾画出渗水范围，然后用钢尺测量并计算面积，标示在“结构内表面的渗漏水展开图”上。

③通过集水井积水，检测在设定时间内的水位上升数值，计算渗漏水量。

4）隧道工程渗漏水检测应符合下列要求：

①隧道工程的湿渍和渗水应按房屋建筑地下工程渗漏水检测。

②隧道上半部的明显滴漏和连续渗流，可直接用有刻度的容器收集量测，或用带有密封缘口的规定尺寸方框，安装在规定量测的隧道内表面，将渗漏水导入量测容器内，然后计算24h的渗漏水量，标示在“结构内表面的渗漏水展开图”上。

③若检测器具或登高有困难时，允许通过目测计取每分钟或数分钟内的滴落数目，计算出该点的渗漏水量。通常，当滴落速度为3滴/min～4滴/min时，24h的漏水量就是1L。当滴落速度大于300滴/min时，则形成连续线流。

④为使不同施工方法、不同长度和断面尺寸隧道的渗漏水状况能够相互加以比较，必须确定一个具有代表性的标准单位。渗漏水量的单位通常使用“$L/(m^2 \cdot d)$”。

⑤未实施机电设备安装的区间隧道验收，隧道内表面积的计算应为横断面的内径周长乘以隧道长度，对盾构法隧道不计取管片嵌缝槽、螺栓孔盒子凹进部位等实际面积；完成了机电设备安装的隧道系统验收，隧道内表面积的计算应为横断面的内径周长乘以隧道长度，不计取凹槽、道床、排水沟等实际面积。

⑥隧道渗漏水量的计算可通过集水井积水，检测在设定时间内的水位上升数值，计算渗漏水量；或通过隧道最低处积水，检测在设定时间内的水位上升数值，计算渗漏水量；或通过隧道内

设量水堰，检测在设定时间内水流量，计算渗漏水量；或通过隧道专用排水泵运转，检测在设定时间内排水量，计算渗漏水量。

（3）渗漏水检测记录

1）地下工程渗漏水调查与检测，应由施工单位项目技术负责人组织质量员、施工员实施。施工单位应填写地下工程渗漏水检测记录，并签字盖章；监理单位或建设单位应在记录上填写处理意见与结论，并签字盖章。

2）地下工程渗漏水检测记录应按表 2-24 填写。

地下工程渗漏水检测记录 **表 2-24**

<table>
<tr><td>工程名称</td><td></td><td>结构类型</td><td colspan="2"></td></tr>
<tr><td>防水等级</td><td></td><td>检测部位</td><td colspan="2"></td></tr>
<tr><td rowspan="3">渗漏水量检测</td><td colspan="4">1　单个湿渍的最大面积　m^2；总湿渍面积　m^2</td></tr>
<tr><td colspan="4">2　每 $100m^2$ 的渗水量　L/(m^2 · d)；整个工程平均渗水量　L/(m^2 · d)</td></tr>
<tr><td colspan="4">3　单个漏水点的最大漏水量　L/d；整个工程平均漏水量　L/(m^2 · d)</td></tr>
<tr><td>结构内表面的渗漏水展开图</td><td colspan="4">（渗漏水现象用标识符号描述）</td></tr>
<tr><td>处理意见与结论</td><td colspan="4">（按地下工程防水等级标准）</td></tr>
<tr><td rowspan="3">会签栏</td><td>监理或建设单位（签章）</td><td colspan="3">施工单位（签章）</td></tr>
<tr><td rowspan="2">年　月　日</td><td>项目技术负责人</td><td>质量员</td><td>施工员</td></tr>
<tr><td>年　月　日</td><td></td><td></td></tr>
</table>

2-8 常用地下室防水工程有哪几种做法?

常用于地下室防水的有防水混凝土工程、刚性防水附属工程、卷材防水工程、涂膜防水工程等。

2-9 什么是防水混凝土? 采用防水混凝土防水有哪些规定?

防水混凝土可通过调整配合比，或掺入外加剂、掺合料等措施配制而成，其抗渗等级不得小于 P6（表 2-25），并应满足抗压、抗冻和抗侵蚀等耐久性要求。防水混凝土的施工配合比应通过试验确定，试配混凝土的抗渗等级应比设计要求提高 0.2MPa。防水混凝土结构厚度不应小于 250mm，迎水面钢筋保护层厚度不应小于 50mm。用于防水混凝土的水泥宜采用硅酸盐水泥，普通硅酸盐水泥。用于防水混凝土的砂、石料和根据工程需要掺入的减水剂、膨胀剂、防水剂、密实剂、引气剂、复合型外加剂及水泥基渗透结晶型材料等，其质量要求应符合国家现行有关标准的要求。

防水混凝土设计抗渗等级　　　　表 2-25

工程埋置深度 H（m）	设计抗渗等级
$H<10$	P6
$10\leqslant H<20$	P8
$20\leqslant H<30$	P10
$H\geqslant 30$	P12

2-10 防水混凝土有哪几种?

防水混凝土一般分为普通防水混凝土、外加剂防水混凝土和补偿收缩（掺膨胀剂）防水混凝土。

2-11 不同种类的防水混凝土其适用范围如何?

不同类型的防水混凝土具有不同的特点，应根据工程特征及使用要求进行选择。各种防水混凝土的适用范围，见表 2-26 所列。

防水混凝土的适用范围　　　　表 2-26

种　　类		最高抗渗压力(MPa)	特　　点	适用范围
普通防水混凝土		＞2.0	施工简单，材料来源广泛	适用于一般工业、民用建筑及公共建筑的地下防水工程
外加剂防水混凝土	减水剂防水混凝土	＞2.2	拌合物流动性好	适用于钢筋密集或捣固困难的薄壁型防水构筑物，也适用于对混凝土凝结时间（促凝或缓凝）和流动性有特殊要求的防水工程（如泵送混凝土）
	三乙醇胺防水混凝土	＞3.8	早期强度高，抗渗等级高	适用于工期紧迫，要求早强和抗渗较高的防水工程及一般防水工程
补偿收缩防水混凝土		3.6	密实性好，抗裂性好	适用于地下工程结构自防水，具有抗裂防渗双功能

防水混凝土结构，不适用于下列情况：

(1) 裂缝开展宽度大于现行《混凝土结构设计规范》GB 50010 规定的结构；

(2) 遭受剧烈振动或冲击的结构；

(3) 防水混凝土不能单独用于耐蚀系数小于 0.8 的受侵蚀防

水工程。当在耐蚀系数小于0.8和地下混有酸、碱等腐蚀性介质的条件下应用时，应采取可靠的防腐蚀措施；

（4）用于受热部位时，其表面温度不应大于80℃；否则，应采取相应的隔热防烤措施。

2-12 什么是外加剂防水混凝土？

外加剂防水混凝土是依靠掺入少量的有机或无机物外加剂来改善混凝土的和易性，提高密实性和抗渗性，以适应工程需要的防水混凝土。

2-13 外加剂防水混凝土有哪几种？

按所掺外加剂种类的不同，可分为减水剂防水混凝土、三乙醇胺防水混凝土等。

2-14 为什么减水剂防水混凝土可以提高混凝土的防水效果？

减水剂对水泥具有强烈的分散作用，它借助于极性吸附作用，大大降低了水泥颗粒间的吸引力，有效地阻碍和破坏了颗粒间的凝聚作用，并释放出凝聚体中的水，从而提高了混凝土的和易性。在满足施工和易性的条件下就可大大降低拌合用水量，使硬化后孔结构的分布情况得以改变，孔径及总孔隙率均显著减小，毛细孔更加细小、分散和均匀，混凝土的密实性、抗渗性从而得到提高。

在大体积防水混凝土中，减水剂可使水泥水化热峰推迟出现。这就减少或避免了在混凝土取得一定强度前因温度应力而开裂，从而提高了混凝土的防水效果。

2-15 用于防水混凝土的减水剂有哪些?

已在防水混凝土中使用的减水剂，见表 2-27 所列。

用于防水混凝土的几种减水剂 **表 2-27**

种类		优点	缺点	适用范围
本质素磺酸钙 (简称木钙)		1. 有增塑及引气作用，提高抗渗性能最为显著； 2. 有缓凝作用，可推迟水化热峰出现； 3. 可减水 10%～15%或增强 10%～20%； 4. 价格低廉，货源充足	1. 分散作用不及 NNO、MF、JN 等高效减水剂； 2. 温度较低时，强度发展缓慢，须与早强剂复合使用	一般防水工程均可使用
多环芳香族磺酸钠	NNO MF JN FDN UNF	1. 均为高效减水剂，减水 12%～20%，增强 15%～20%； 2. 可显著改善和易性，提高抗渗性； 3. MF、FN 有引气作用，抗冻性、抗渗性较 NNO 好； 4. JN 减水剂在同类减水剂中价格最低，仅为 NNO 的 40%左右	1. 货源少，价较贵； 2. 生成气泡较大，需用高频振动器排除气泡，以保证混凝土质量	防水混凝土工程均可使用，冬期气温低时，使用更为适宜
糖蜜		1. 分散作用及其他性能均同木质素磺酸钙； 2. 掺量少，经济效果显著； 3. 有缓凝作用	由于可以从中提取酒精、丙酮等副产品，因而货源日趋减少	宜于就地取材，配制防水混凝土
聚羧酸系	AN4000	1. 为高效减水剂，减水 25%～30%； 2. 显著提高强度和抗渗性能； 3. 无毒、无腐蚀性	货源充足，但价格较高	各种水泥防水混凝土工程均可使用

2-16 如何调配减水剂防水混凝土？

减水剂防水混凝土的配制除应遵循普通防水混凝土的一般规定外，还应注意以下技术要求：

（1）应根据工程要求、施工工艺和温度及混凝土原材料组成、特性等，正确选用减水剂品种。对所选用的减水剂，必须经过试验，求得减水剂适宜掺量。其适宜掺量参见表 2-28 所列。

不同品种减水剂的适宜掺量参考表　　表 2-28

<table>
<tr><th>种　类</th><th>适宜掺量
（占总胶凝材料重量%）</th><th>备　　注</th></tr>
<tr><td>木钙、糖蜜</td><td>0.2～0.3</td><td rowspan="5">1. 掺量≤0.3%，否则将使混凝土强度降低及过分缓凝；
2. 外加 0.5%三乙醇胺，抗渗性能好</td></tr>
<tr><td>NNO、MF、</td><td>0.5～1</td></tr>
<tr><td>JN</td><td>0.5</td></tr>
<tr><td>UNF-5</td><td>0.5</td></tr>
<tr><td>AN4000</td><td>0.5～1.5</td></tr>
</table>

注：干粉状减水剂，应先倒入 60℃左右热水中搅拌，制成 20%浓度的溶液（以相对密度控制）再使用。严禁将干粉直接与混凝土拌合。

（2）根据工程需要调节水胶比。当工程需要混凝土坍落度为 120～160mm 时，可不减少或稍减少拌合用水量。当要求坍落度为 30～50mm 时，可大大减少拌合用水量。

（3）由于减水剂能增大混凝土的流动性，故掺有减水剂的预拌防水混凝土，其最大施工坍落度可不受 50mm 的限制，其坍落度以 120～160mm 为宜。

（4）混凝土拌合物泌水率大小对硬化后混凝土的抗渗性有很大影响。由于加入不同品种减水剂后，均能获得降低泌水率的良好效果，一般有引气作用的减水剂（如 MF、木钙）效果更为显著。故可采用矿渣水泥配制防水混凝土。

2-17 什么是三乙醇胺防水混凝土?

三乙醇胺防水混凝土，是在混凝土拌合物中随拌合水掺入适量的三乙醇胺而配制成的混凝土。

2-18 为什么掺三乙醇胺的防水混凝土能够提高混凝土的防水性能?

依靠三乙醇胺的催化作用，在早期生成较多的水化产物，部分游离水结合为结晶水，相应地减少了毛细管通路和孔隙，从而提高了混凝土的抗渗性，且具有早强作用。当三乙醇胺和氯化钠、亚硝酸钠等无机盐复合时，三乙醇胺不仅能促进水泥本身的水化，还能促进氯化钠、亚硝酸钠等无机盐与水泥的反应，所生成的氯铝酸盐等络合物体积膨胀，能堵塞混凝土内部的孔隙，切断毛细管通路，增大混凝土的密实性。

2-19 配制三乙醇胺防水混凝土的原材料是哪些?

除了水泥、砂、石子外有以下几种：

(1) 三乙醇胺为橙黄色透明黏稠状的吸水性液体，无臭、不燃、呈碱性，相对密度为1.12～1.13，pH值为8～9，工业品纯度为70%～80%。

(2) 氯化钠、亚硝酸钠均为工业品。

2-20 三乙醇胺防水剂是如何配制的?

三乙醇胺早强防水剂配合比见表2-5所列。

按表2-29的数据，先将水放入容器中，再将其他材料放入水中，搅拌直至完全溶解，即成防水剂溶液。

三乙醇胺早强防水剂配料表　　表 2-29

1号配方		2号配方			3号配方			
三乙醇胺 0.05%		三乙醇胺 0.05%+氯化钠 0.5%			三乙醇胺 0.05%+氯化钠 0.5%+亚硝酸钠 1%			
水	三乙醇胺	水	三乙醇胺	氯化钠	水	三乙醇胺	氯化钠	亚硝酸钠
$\frac{98.75}{98.33}$	$\frac{1.25}{1.67}$	$\frac{86.25}{85.83}$	$\frac{1.25}{1.67}$	$\frac{12.5}{12.5}$	$\frac{61.25}{60.83}$	$\frac{1.25}{1.67}$	$\frac{12.5}{12.5}$	$\frac{25}{25}$

注：1. 表中百分数为水泥重量的百分数。

2. 1号配方适用于常温和夏期施工；2、3号配方适用于冬期施工。

3. 表中数据分子采用100%纯度三乙醇胺的用量；分母为采用75%工业品三乙醇胺的用量。

2-21　现场如何配制三乙醇胺防水混凝土?

（1）当设计抗渗压力为 0.8～12N/mm² 时，水泥用量以 300kg/m³ 为宜。

（2）砂率必须随水泥用量降低而相应提高，使混凝土有足够的砂浆量，以确保其抗渗性。当水泥用量为 280～300kg/m³ 时，砂率以 40%左右为宜。掺三乙醇胺早强防水剂后，灰砂比可以小于普通防水混凝土 1∶2.5 的限值。

（3）对石子级配无特殊要求，只要在一定水泥用量范围内并保证有足够的砂率，无论采用哪种级配的石子，都可以使混凝土有良好的密实度和抗渗性。

（4）三乙醇胺防水剂对不同品种水泥的适应性较强，特别是能改善矿渣水泥的泌水性和黏滞性，明显地提高其抗渗性。因此，对要求低水化热的防水工程，以使用矿渣水泥为好。

（5）三乙醇胺防水剂溶液随拌合水一起加入，约 50kg 水泥加 2kg 溶液。

（6）表2-29中3号配方加入了亚硝酸钠阻锈剂，可抑制钢筋锈蚀，因此对于比较重要的防水工程，以采用1号、3号配方的早强防水剂较为适宜。靠近高压电源和大型直流电源的防水工程，宜采用1号配方早强防水剂，不得使用2号及3号配方。

（7）防水剂应与拌合用水掺合均匀后再投入搅拌机，拌制混凝土。

2-22 什么是补偿收缩防水混凝土？有何特点？

以膨胀水泥或在水泥中掺入膨胀剂，使混凝土产生适度膨胀，以补偿混凝土的收缩，故称为补偿收缩混凝土。其主要特点如下：

1. 具有较高的抗渗功能

补偿收缩混凝土是依靠膨胀水泥或水泥膨胀剂在化学反应过程中形成钙矾石（$C_3A \cdot 3CaSO \cdot 32H_2O$）为膨胀源，这种结晶是稳定的水化物，它填充于毛细孔隙中，使大孔变小孔，总孔隙率大大降低，从而增加了混凝土的密实性，提高了混凝土的抗渗能力，其抗渗等级可达到P35以上，比同强度等级的普通混凝土提高2～3倍。

2. 能抑制混凝土裂缝的出现

补偿收缩混凝土在硬化初期产生体积膨胀，在约束条件下，它通过水泥石与钢筋的粘结，使钢筋张拉，被张拉的钢筋对混凝土本身产生压应力（称为化学预应力或自应力）。当混凝土中产生0.2～0.7N/mm^2自应力值，即可抵消由于混凝土干缩和徐变时产生的拉应力。也就是说，补偿收缩混凝土的拉应变接近于零或小于0.1～0.2mm/m，从而达到补偿收缩和具有抗裂防渗的效果。

3. 后期强度能稳定上升

由于补偿收缩混凝土的膨胀作用主要发生在混凝土硬化的早期，所以补偿收缩混凝土的后期强度能稳定上升。

2-23 补偿收缩混凝土如何配制？

1. 原材料

(1) 水泥及外掺剂

主要品种有明矾石膨胀水泥、石膏矾土水泥及 UEA 微膨胀剂等。

(2) 骨料

补偿收缩混凝土用的砂、石质量要求是：粗骨料最大粒径不大于 40mm；采用中砂或细砂，为自然级配。

(3) 水

采用符合国家行业标准《混凝土用水标准》JGJ 63—2006 要求的水。

2. 配合比

补偿收缩混凝土配合比的要求见表 2-30 所示。

补偿收缩混凝土配合比要求　　表 2-30

项　目	技 术 要 求
凝胶材料总用量（kg/m³）	320～390
水胶比	0.50～0.52/0.42～0.50（加减水剂后）
砂率	35%～38%
砂子	宜用中砂
坍落度（mm）	40～120mm
膨胀率	<0.1%
自应力值（N/mm²）	0.2～0.7
负应变	注意施工与养护，尽量不产生负应变，最多不大于 0.2%

2-24 补偿收缩混凝土施工时应注意哪些事项？

(1) 补偿收缩混凝土必须特别注意加强早期潮湿养护。因为养护时间太晚，则可能因强度增长较快抑制了膨胀。在一般常温条件下，补偿收缩混凝土浇筑后 8～12h，即应开始浇水养护，待模板拆除后则应大量浇水。养护时间不应小于 14d。

（2）补偿收缩混凝土对温度比较敏感，不宜在低于 5℃和高于 35℃的条件下进行施工。

2-25 防水混凝土的施工要点有哪些？

（1）防水混凝土工程，应尽可能做到不留施工缝，一次连续浇筑完成。对于大体积的防水混凝土工程，可采取分区浇筑、使用水化热低的水泥或掺外加剂（如粉煤灰）等相应措施，以防止温度裂缝的发生。

（2）施工期间，应做好基坑的降、排水工作，使地下水面低于施工底面 300mm 以下，严防地下水或地表水流入基坑造成积水，影响混凝土的施工和正常硬化，导致防水混凝土强度及抗渗性能降低。在主体混凝土结构施工前，必须做好基础垫层混凝土，使其起到辅助防线的作用。

（3）模板固定一般不宜采用螺栓拉杆或钢筋对穿，以免在混凝土内部造成引水通路。如固定模板必须采用螺栓穿过防水混凝土结构时，可采用工具式螺栓或螺栓加堵头。拆模后，应将留下的凹槽用密封材料封堵，并用聚合物水泥砂浆抹平，如图 2-1 所示。

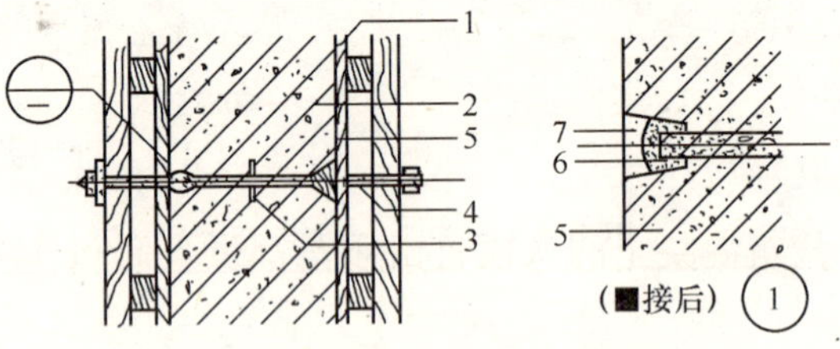

图 2-1　固定模板用螺栓的防水做法

1—模板；2—结构混凝土；3—止水环；4—穿墙螺栓；5—固定铁板用螺栓；6—密封材料；7—聚合物水泥砂浆

(4) 钢筋不得用钢丝或铁钉固定在模板上，必须采用与防水混凝土同强度等级的细石混凝土或砂浆块作垫块，并确保迎水面钢筋保护层的厚度不小于 50mm，绝不允许出现负误差。如结构内部设置的钢筋确须用钢丝绑扎时，均不得接触模板。

(5) 模板应表面平整，拼缝严密，吸水性小，结构坚固。浇筑混凝土前，应将模板内部清理干净。

(6) 防水混凝土的配合比应通过试验选定。选定配合比时，应按设计要求的抗渗等级提高 0.2N/mm²。防水混凝土配料必须按配合比准确称量，不得用体积法计量。称量允许偏差应符合表 2-31 的规定。

防水混凝土配料允许偏差 **表 2-31**

混凝土组成材料	每盘计量（%）	累计计量（%）
水泥、掺合料	±2	±1
粗、细骨料	±3	±2
水、外加剂	±2	±1

注：累计计量仅适用于微机控制计量的搅拌站。

(7) 使用减水剂时，应预先溶解成一定浓度的水溶液，并可用比重法控制溶液的浓度。

(8) 防水混凝土必须采用机械搅拌，搅拌时间不应小于 2min，掺外加剂时应根据外加剂的技术要求，确定搅拌时间。

(9) 混凝土运输过程中，要防止产生离析和坍落度、含气量的损失，以及漏浆现象。运输距离较远或气温较高时，可掺入适量的缓凝剂或采用运输搅拌车运送。其他应按现行《混凝土结构工程施工质量验收规范》GB 50204 进行施工作业。

(10) 浇筑混凝土的入模自由倾落高度若超过 1.5m 时，须用串筒、溜管等辅助工具将混凝土送入，以免造成石子滚落堆积现象。模板窄高、钢筋较密不易浇筑时，可以从侧模预留口处浇筑。混凝土分层浇筑的厚度，应符合现行《混凝土结构工程施工质量验收规范》GB 50204 的要求。

（11）防水混凝土必须采用机械振捣密实，振捣时间宜为10～20s，以混凝土开始泛浆和不冒气泡为止，并应避免漏振、欠振和超振。掺加气型减水剂时，应采用高频插入式振动器振捣。

（12）防水混凝土应连续浇筑，尽量不留或少留施工缝。在留有施工缝时，必须选用遇水膨胀橡胶进行止水处理。

1）顶板、底板混凝土应连续浇筑，不应留置施工缝。

2）墙一般只允许留在高出底板上表面不小于300mm的墙身上。当墙体设有孔洞时，施工缝距孔洞边缘不宜小于300mm，拱墙结合的水平施工缝，宜留在拱线以下150～300mm处。

如必须留垂直施工缝时，应尽量与变形缝结合，按变形缝进行防水处理，并应避开地下水和裂隙水较集中的地段。

在施工缝中推广应用缓胀型遇水膨胀橡胶止水条或止水胶代替传统的凸缝、阶梯缝或金属止水片进行止水处理，其止水效果更佳。

施工时，将缓胀型遇水膨胀橡胶止水条用202型氯丁胶粘剂直接粘贴在平整和清扫干净的施工缝处，压紧粘牢，必要时每隔1m左右加钉一个水泥钢钉固定，并及时浇筑上部的防水混凝土。

（13）防水混凝土的养护对其抗渗性能影响极大，因此，当混凝土进入终凝（约浇筑后4～12h）即应开始浇水养护，养护时间不少于14d。防水混凝土不宜采用蒸汽养护，冬期施工时可采用保温措施。

（14）防水混凝土不宜过早拆模，拆模时混凝土表面温度与周围气温之差不得超过15～20℃，以防止混凝土表面出现裂缝。

（15）防水混凝土工程的地下室外墙结构部分，拆模后应及时回填土，以利于混凝土后期强度的增长并获得预期的抗渗性能。回填土前，可根据设计要求在结构混凝土外侧铺贴一道柔性防水附加层或铺抹一道刚性防水砂浆附加防水层。当为柔性防水附加层时，防水层的外侧应粘贴一层5～6mm厚的聚乙烯泡沫塑料片材（花粘固定即可）作软保护层，然后分步回填三七或二八灰土，分步夯实。同时做好基坑周围的散水坡，以避免地面水浸入，一般散水坡宽度大于800mm，横向坡度大于5%。

2-26 防水混凝土结构内的预埋管道的防水做法有哪些要求?

防水混凝土结构内的预埋穿墙管道以及结构的后浇带部位，均为防水的薄弱环节，应采取有效措施，仔细施工。

1. 预埋穿墙管的防水做法

用加焊钢板止水环的方法或加套遇水膨胀橡胶止水圈的方法，既简便又可获得一定的防水效果（图 2-2、图 2-3）。施工时，注意将铁件及止水钢板或遇水膨胀橡胶止水环周围的混凝土浇捣密实，保证质量。

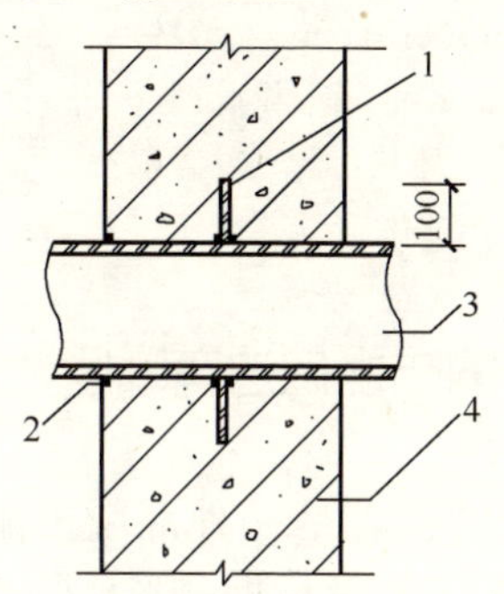

图 2-2 固定式穿墙管防水构造（1）

1—止水环；2—密封材料；3—主管；4—混凝土结构

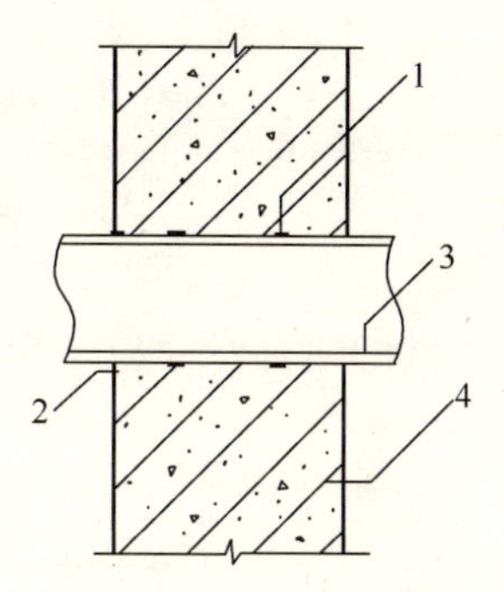

图 2-3 固定式穿墙管防水构造（2）

1—遇水膨胀止水带；2—密封材料；3—主管；4—混凝土结构

2. 预埋穿墙套管的防水处理

在管道穿过防水混凝土结构时，预埋套管上应加套遇水膨胀橡胶止水圈或加焊钢板止水环。如为钢板止水环则满焊严密。安装穿墙管时，先将管道穿过预埋套管，并找准装置临时固定，然后将一端用封口钢板将套管焊牢，再将另一端套管与穿墙管间的缝隙用密封材料嵌填严密，再用封口钢板封堵严密（图 2-4）。

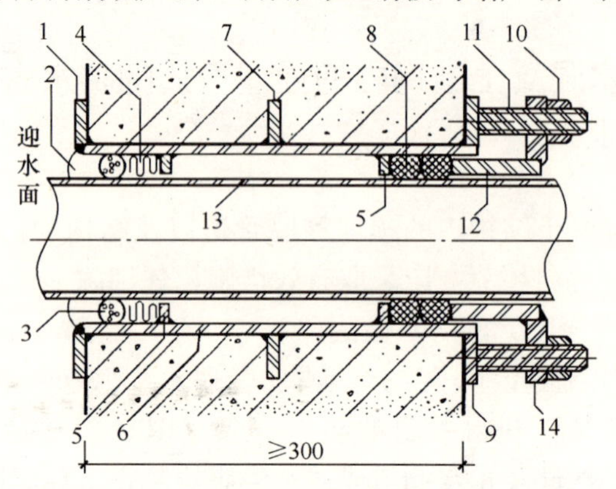

图 2-4　套管式穿墙管防水构造

1—翼环；2—密封材料；3—背衬材料；4—充填材料；5—挡圈；6—套管；7—止水环；8—橡胶圈；9—翼盘；10—螺纹；11—双头螺栓；12—短管；13—主管；14—法兰盘

2-27　大体积防水混凝土后浇带的防水做法有哪些要求？

后浇缝主要用于大体积混凝土结构，是一种混凝土刚性接缝，适用于不允许设置柔性变形缝的工程及后期变形已趋于稳定的结构，施工时应注意以下几点：

（1）后浇带留设的位置及宽度应符合设计要求，缝内的结构钢筋不能断开。

（2）后浇带可留成平直缝、企口缝或阶梯缝（图 2-5～图 2-8）。

（3）后浇带混凝土应在其两侧混凝土浇筑完毕，待主体结构达到标高或间隔六个星期后，再用补偿收缩混凝土进行浇筑。

（4）后浇带采用补偿收缩混凝土的强度等级应与两侧混凝土相同。

（5）浇筑补偿收缩混凝土前，应将接缝处的表面凿毛，清洗

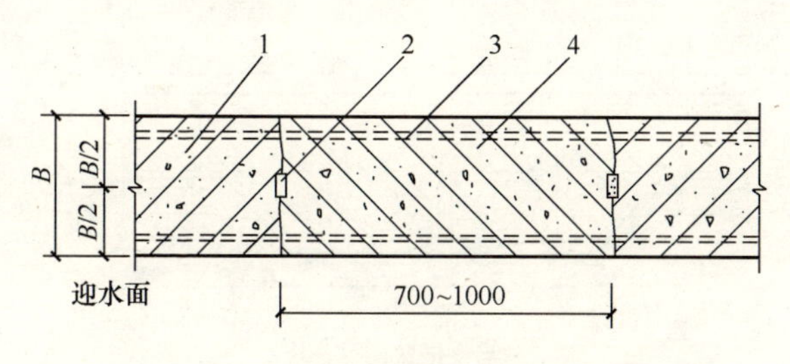

图 2-5　后浇带防水构造（1）

1—先浇混凝土；2—遇水膨胀止水条（胶）；3—结构主筋；4—后浇补偿收缩混凝土

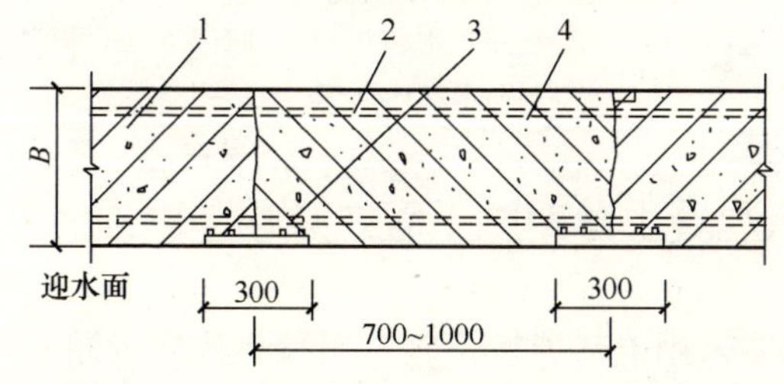

图 2-6　后浇带防水构造（2）

1—先浇混凝土；2—结构主筋；3—外贴式止水带；4—后浇补偿收缩混凝土

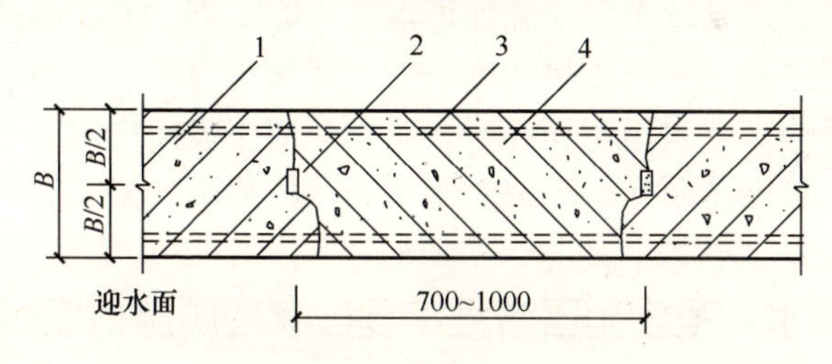

图 2-7　后浇带防水构造（3）

1—先浇混凝土；2—遇水膨胀止水条（胶）；3—结构主筋；4—后浇补偿收缩混凝土

干净，保持湿润，并在中心位置粘贴遇水膨胀橡胶止水条。

（6）后浇带的补偿收缩混凝土浇筑后，其湿润养护时间不应少于四个星期。

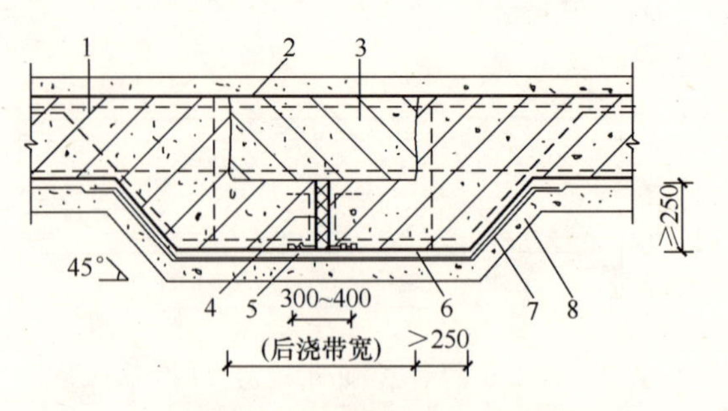

图 2-8 后浇带超前止水构造

1—混凝土结构；2—钢丝网片；3—后浇带；

4—接缝材料；5—外贴式止水带；6—细石混凝土保护带；

7—卷材防水层；8—垫层混凝土

2-28 防水混凝土冬期施工应注意哪些事项?

（1）不能采用电热养护，宜采用蓄热法或暖棚法，采用暖棚法时，暖棚温度应保持在 5℃以上；采用蓄热法施工对组成材料加热时，水温不得超过 60℃，骨料温度不得超过 40℃，混凝土出罐温度不得超过 35℃，混凝土入模温度不应低于 5℃。

（2）必须采取有效措施保证混凝土有足够的养护湿度，尤其对大体积混凝土采用蓄热法施工时，要防止由于水化热过高、水分蒸发过快而使表面干燥开裂。防水混凝土表面应用湿草袋或塑料薄膜覆盖保持湿度，再覆盖干草帘子或草垫保温。

2-29 防水混凝土施工过程中要做哪些质量检查?

（1）必须对原材料进行检验，不合格的材料严禁在工程中应用。当原材料有变化时，应取样复验，并及时调整混凝土配合比。

（2）每班检查原料称量不少于两次。

（3）在拌制和浇筑地点，测定混凝土坍落度，每班应不少于两次。

（4）加气剂防水混凝土含气量测定，每班不少于一次。

（5）连续浇筑混凝土量为 500m³ 以下时，应留两组抗渗试块；每增加 250～500m³ 混凝土应增留两组。试块应在浇筑地点制作，其中一组在标准条件下养护，另一组应在与现场相同条件下养护。试块养护期不少于 28d，不超过 90d。如使用的原材料、配合比或施工方法有变化时，均应另行留置试块。

2-30 什么是膨胀橡胶止水条？它的性能如何？

膨胀橡胶止水条是采用亲水性聚氨酯和橡胶以特殊的加工工艺制成，其结构内部存在大量的由环氧乙烷开环而得的$-CH_2-CH_2-O-$链节，当这种橡胶浸泡在水中时，该链节和水生成氢键，使橡胶体积发生膨胀。其体积膨胀率与浸水时间长短的关系如图 2-9 所示。

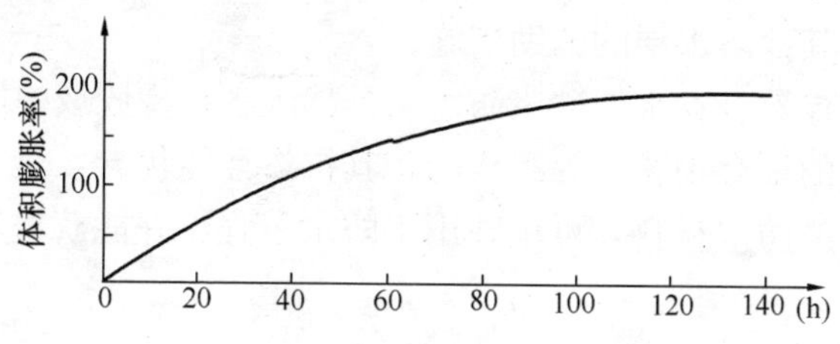

图 2-9 遇水膨胀橡胶在水中的膨胀率

2-31 什么是刚性防水附加层施工？

地下室工程以钢筋混凝土结构自防水为主，但并不意味大面积的防水混凝土没有一点缺陷。另外防水混凝土虽然不透水，但透湿量还是相当大的，故对防水、防湿要求较高的地下室，还必须在混凝土的迎水面做刚性或柔性附加防水层。

在钢筋混凝土表面抹压防水砂浆的做法称为刚性防水附加层。这种水泥砂浆防水主要依靠特定的施工工艺要求或在水泥砂浆中掺入某种防水剂，来提高它的密实性或改善它的抗裂功能，从而达到防水抗渗的目的。

2-32 水泥砂浆防水层有哪几种？其特点是什么？

水泥砂浆防水层分为刚性多层抹面防水层与掺外加剂的水泥砂浆防水层两大类。掺外加剂水泥砂浆防水层有掺无机盐防水剂的水泥砂浆和掺聚合物的防水砂浆两种。

（1）刚性多层抹面的水泥砂浆防水层主要是利用不同配合比的水泥浆和水泥砂浆分层，相互交替抹压密实施工，充分切断各层次毛细孔网的渗水通道，构成一个多层防线的整体防水层。

（2）掺无机盐防水剂的水泥砂浆防水层是在水泥砂浆中掺入占水泥重量3%～5%的防水剂，以提高水泥砂浆的抗渗性能，其抗渗压力一般在0.4N/mm^{2}以下，故只适用于水压较小的工程或作为其他防水层的辅助措施。

（3）掺聚合物水泥砂浆防水层是掺入各种橡胶或树脂乳液及其可分散的聚合物粉末等组成的，其抗渗性能优异，是一种刚柔结合的新型防水材料，可单独用于防水工程，并能获得较好的防水效果。

2-33 多种不同的水泥砂浆防水层的适用范围有哪些规定？

（1）水泥砂浆防水，适用于埋置深度不大，使用时不会因结构沉降、温度和湿度变化以及受震动等产生有害裂缝的地下防水工程。

（2）除聚合物水泥砂浆外，其他均不宜用在长期受冲击荷载和较大振动作用下的防水工程，也不适用于受腐蚀、高温（80℃以上）以及遭受反复冻融的砌体工程。

由于聚合物水泥砂浆防水层的抗渗性能优异，与混凝土基层粘结牢固，抗冻融性能以及抗裂性能好。因此，在地下防水工程中的应用前景广阔。

2-34 什么是聚合物水泥防水砂浆？

聚合物水泥防水砂浆是由水泥、砂和一定量的橡胶乳液或树脂乳液以及稳定剂、消泡剂等化学助剂，经搅拌混合均匀配制而成。它具有良好的防水抗渗性、粘结性、抗裂性、抗冲击性和耐磨性。由于在水泥砂浆中掺入了各种合成高分子乳液，能有效地封闭水泥砂浆中的毛细孔隙，从而提高了水泥砂浆的抗渗透性能。

与水泥砂浆掺合使用的聚合物品种繁多，主要有天然和合成橡胶乳液、热塑性及热固性树脂乳液等，其中常用的聚合物有阳离子氯丁胶乳（简称CR胶乳等）和聚丙烯酸乳液等。

2-35 什么是阳离子氯丁胶乳水泥防水砂浆？它的适用范围如何？

阳离子氯丁胶乳水泥防水砂浆是用了一定比例的水泥、砂子，并掺入水泥重量30%～40%的阳离子氯丁胶乳（其固体含量不少于40%），经搅拌混合均匀配制而成的一种具有优良防水抗渗性能的防水砂浆。

阳离子氯丁胶乳水泥砂浆可用做地下建筑物和构筑物防水层，屋面、墙面防水、防潮层和修补建筑物裂缝等。

2-36 如何配制阳离子氯丁胶乳水泥防水砂浆？

1. 原材料及要求

（1）水泥：强度等级为42.5级的普通硅酸盐水泥；

（2）砂子：洁净中砂，粒径3mm以下并过筛；

(3) 阳离子氯丁胶乳混合液：由阳离子氯丁胶乳和稳定剂、消泡剂等按一定比例配合而成，其质量应符合表 2-32 的要求。

阳离子氯丁胶乳的质量要求　　表 2-32

项目名称	性能指标	项目名称	性能指标
外观	白色或微黄色乳状液	硫化胶抗张强度	≥15MPa
pH 值	3～5	硫化胶延伸率	≥750%
固体含量	≥40%	旋转黏度	0.0124Pa·s
相对密度	≥1.085	薄球黏度	0.00648Pa·s
含氯量	≥35%		

(4) 复合助剂：主要由稳定剂和消泡剂组成。稳定剂用于减少或避免胶乳在与水泥或砂浆搅拌过程中产生析出及凝聚现象；消泡剂可减少或消除由于胶乳中的稳定剂和乳化剂的表面活化影响产生的大量气泡。

(5) 水：采用饮用水。

2. 参考配方及配制工艺

(1) 阳离子氯丁胶乳防水水泥砂浆的参考配合比见表 2-33 所列。

阳离子氯丁胶乳水泥砂浆参考配方　　表 2-33

材料名称	砂浆配方（重量比）①	砂浆配方（重量比）②	砂浆配方（重量比）③
普通硅酸盐水泥	100	100	100
中砂（粒径 3mm 以下）	200～300	200～250	—
阳离子氯丁胶乳混合液	30～50	20～50	35～45
水	适量	适量	适量

注：①、③配方系北京市建筑工程研究院提供；
②配方系青岛化工厂提供。

(2) 阳离子氯丁胶乳防水砂浆的配制工艺如下：

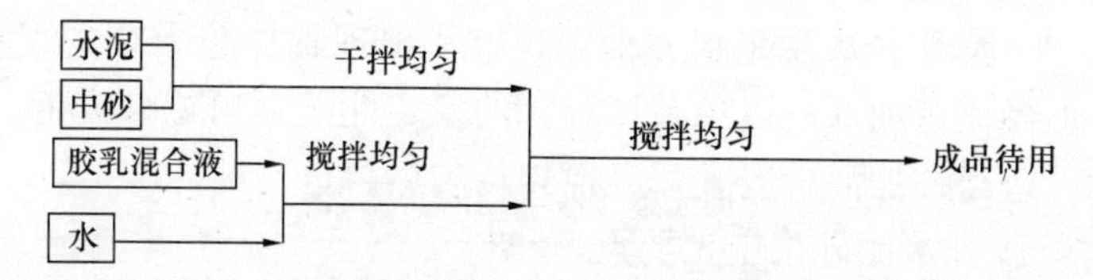

根据配方，先将阳离子氯丁胶乳混合液和一定量的水混合搅拌均匀。另外，按配方将水泥和砂子干拌均匀后，再将上述混合乳液加入，用人工或砂浆搅拌机搅拌均匀，即可进行防水层的施工。

胶乳水泥砂浆人工拌合时，必须在灰槽或钢板上进行，不宜在水泥砂浆地面上进行，以免胶乳失水、成膜过快而失去稳定性。

2-37 阳离子氯丁胶乳水泥防水砂浆的施工要点有哪些？

1. 基层要求

（1）基层混凝土或砂浆必须坚固并具有一定强度，一般不应低于设计强度的 80%。表面洁净，无灰尘、无油污，施工前最好用水冲刷一遍。

（2）基层表面的孔洞、裂缝或穿墙管的周边应凿成 V 形或环形沟槽，并用阳离子氯丁胶乳水泥砂浆填塞抹平。

（3）有渗漏水的情况，应先采用压力灌注化学浆液或用快速堵漏材料进行堵漏处理后，再抹胶乳水泥砂浆防水层。

（4）为了避免氯丁胶乳防水砂浆因收缩而产生的裂缝，在抹胶乳砂浆防水层时应进行适当分格，分格缝的纵横间距一般为 20～30m，分格缝宽度宜为 15～20mm，缝内应嵌填弹塑性的密封材料封闭。

2. 氯丁胶乳砂浆的配制要求

（1）严格按照材料配方和工艺进行配制。胶乳凝聚较快，因此配制好的胶乳水泥砂浆应在 1h 内用完。最好随用随配制，宜用多少配制多少。

（2）胶乳砂浆在配制过程中，容易出现越拌越干结的现象，此时不得任意加水，以免破坏胶乳的稳定性而影响防水功能。必要时可适当补加混合胶乳，经搅拌均匀后再进行铺抹施工。

3. 胶乳水泥砂浆施工要点

（1）在处理好的基层表面上，由上而下均匀涂刮或喷涂胶乳水泥浆一遍，其厚度以1mm左右为宜。它的作用是封堵细小孔洞和裂缝，并增强胶乳水泥砂浆防水层与基层表面的粘结能力。

（2）在涂刮或喷涂胶乳水泥浆15～30min左右后，即可将混合好的胶乳水泥砂浆铺抹在基层上，并要求顺着一个方向边压实边抹平，一般垂直面每次抹胶乳砂浆的厚度为5～8mm，水平面为10～15mm，施工顺序原则上为先立墙后地面，阴阳角处的防水层必须抹成圆弧或八字坡。因胶乳容易成膜，故在抹压胶乳砂浆时必须一次成活，切勿反复搓揉。

（3）胶乳砂浆施工完后，须进行检查，如发现砂浆表面有细小孔洞或裂缝时，应用胶乳水泥浆涂刮一遍，以提高胶乳水泥砂浆表面的密实度。

（4）在胶乳水泥砂浆防水层表面还需抹普通水泥砂浆做保护层，一般宜在胶乳砂浆初凝（7h）后终凝前（9h）进行。

4. 养护要求

胶乳水泥砂浆防水层施工完成后，前3d应保持潮湿养护，有保护层的养护时间为7d。在潮湿的地下室施工时，不需要采用其他的养护措施，在自然状态下养护即可。在整个养护过程中，应避免振动和冲击，并防止风干和雨水冲刷。

5. 施工注意事项

（1）冬期施工温度在5℃以上为宜，夏期施工在30℃以下为宜，并应避免在太阳下暴晒。

（2）在抹完胶乳水泥砂浆未达到硬化状态时，切勿直接浇水养护或被雨水冲刷。

（3）在通风较差的地下室施工时，特别是夏季胶乳中的低分子物质挥发较快，容易影响正常的施工作业，为此必须采取机械通风的措施。

（4）应设专人负责胶乳水泥砂浆的配制工作，配料人员应带防护手套。

其他聚合物乳液（如丙烯酸酯多元共聚乳液）防水砂浆的配制和施工方法与氯丁胶乳水泥砂浆基本相同，可根据供应商提供的产品说明书并参考上述工艺进行施工。

2-38 什么是有机硅水泥防水砂浆？

有机硅防水剂的主要成分是甲基硅醇钠（钾），当它的水溶液（简称为硅水）与水泥砂浆拌合后，可在水泥砂浆内部形成一种具有憎水功能的高分子有机硅物质，它能防止水在水泥砂浆中的毛细作用，使水泥砂浆失去浸润性，提高抗渗性，从而起到防水作用。

2-39 硅水如何配制？

将有机硅防水剂和水按表 2-34 和表 2-35 的比例混合，搅拌均匀制成的溶液称为硅水。

碱性硅水配合比 **表 2-34**

重量比		体积比		用途
防水剂	水	防水剂	水	
1	7～9	1	9～11	防水砂浆、抹防水层

中性硅水配合比 **表 2-35**

重量比			用途
防水剂	水	硫酸铝或硝酸铝	
1	5～6	0.4～0.5	防水砂浆、抹防水层

2-40 有机硅水泥防水砂浆如何配制?

1. 原材料及要求

(1) 水泥：宜选用普通硅酸盐水泥。

(2) 砂：以选用颗粒坚硬、表面粗糙、洁净的中砂为宜。砂的粒径为1～3mm。

(3) 有机硅防水剂：相对密度为1.23～1.26，pH值为14。

(4) 水：一般为饮用水。

2. 防水砂浆配合比。

防水砂浆配合比应符合表2-36的要求。

防水砂浆各层配合比 **表2-36**

层次	硅水配合比	砂浆配合比
	防水剂：水	水泥：砂：硅水
结合层水泥浆膏	1∶7	1∶0∶0.6
底层防水砂浆	1∶8	1∶2∶0.5
面层防水砂浆	1∶9	1∶2.5∶0.5

根据各层施工的需要，将水泥、砂和硅水按上述配合比搅拌均匀，即配制成有机硅防水砂浆。各层砂浆的水灰比应以满足施工要求为准。若水灰比过大，砂浆易产生离析；水灰比过小，则不易施工。因此，严格控制水灰比对确保砂浆防水层的施工质量十分重要。

2-41 有机硅水泥防水砂浆的施工要点有哪些?

1. 基层处理要求

先将基层表面的污垢、浮土杂物等清除干净，进行凿毛，用水冲洗干净并排除积水。

基层表面如有裂缝、缺棱掉角、凹凸不平等，应用聚合物水泥素浆或砂浆修补，待固化干燥后再进行防水层施工。基底表面有明水或雨天不得施工。

2. 喷涂硅水

在基层表面喷涂一道硅水（配合比为有机硅防水剂∶水=1∶7），并在潮湿状态下进行刮抹结合层施工。

3. 刮抹结合层

在喷涂硅水湿润的基层上及时刮抹2～3mm厚的水泥浆膏，使基层与水泥浆膏牢固地粘合在一起。水泥浆膏需边配制边刮抹，待其达到初凝时，再进行下道工序施工。

4. 抹防水砂浆

分别对底层与面层进行两遍抹浆，但间隔时间不宜过短，以防开裂。底层厚度一般为5～6mm，待底层达到初凝时再进行面层施工。铺抹防水砂浆时，应首先把阴阳角抹成小圆弧，然后进行底层和面层施工。抹面层时，要求抹平压实，收水后应进行二次压光，以提高防水层的抗渗功能。

5. 养护要求

待防水层施工完后，应及时进行湿润养护，以免防水砂浆中的水分过早蒸发而引起干缩裂缝，养护时间不宜小于14d。

2-42 地下室工程卷材防水施工的防水卷材有哪几种?

经常处在地下水环境，且受侵蚀性介质作用或受震动作用的地下室工程宜采用卷材防水层。

适用于地下室工程防水卷材品种有两大类：高聚物改性沥青类防水卷材和合成高分子类防水卷材。见表2-37所列。

卷材防水层的卷材品种　　表2-37

类别	品种名称	主要生产厂家
高聚物改性沥青类防水卷材	弹性体改性沥青防水卷材	北京东方雨虹防水技术股份公司等
	改性沥青聚乙烯胎防水卷材	盘锦禹王防水建材集团有限公司等
	自粘聚合物改性沥青防水卷材	深圳卓宝科技股份公司等

续表

类别	品种名称	主要生产厂家
合成高分子类防水卷材	三元乙丙橡胶防水卷材	常熟三恒建材有限公司等
	聚氯乙烯防水卷材	西卡渗耐防水系统(上海)有限公司等
	聚乙烯丙纶复合防水卷材	北京圣洁防水材料公司等
	高分子自粘胶膜防水卷材	广东科顺化工实业有限公司等
	TPO 高分子复合防水卷材	唐山德生防水材料公司等

2-43 不同品种卷材防水层的厚度如何选用?

防水卷材的品种规格和层数应根据地下室防水等级、地下水位高低及水压力作用状况、结构构造形式和施工工艺等因素确定。不同品种防水卷材在地下室工程的厚度，选用应符合表 2-38 的规定。

不同品种防水卷材厚度选用表　　表 2-38

卷材品种	高聚物改性沥青类防水卷材			合成高分子类防水卷材			
	弹性体改性沥青防水卷材、改性沥青聚乙烯胎防水卷材	自粘聚合物改性沥青防水卷材		三元乙丙橡胶防水卷材	聚氯乙烯防水卷材	聚乙烯丙纶复合防水卷材	高分子自粘胶膜防水卷材
		聚酯毡胎体	无胎体				
单层厚度(mm)	≥4	≥3	≥1.5	≥1.5	≥1.5	卷材≥0.9; 粘结料≥1.3; 芯材厚度≥0.6	≥1.2
双层总厚度(mm)	≥(4+3)	≥(3+3)	≥(1.5+1.5)	≥(1.2+1.2)	≥(1.2+1.2)	卷材≥(0.7+0.7); 粘结料≥(1.3+1.3); 芯材厚度≥0.5	—

2-44 地下室工程卷材防水层构造有哪几种？其优缺点是什么？

地下工程的卷材防水层应设在迎水面。地下防水工程分为外防外贴与外防内贴两种做法。

（1）外防外贴做法构造如图 2-10 所示。

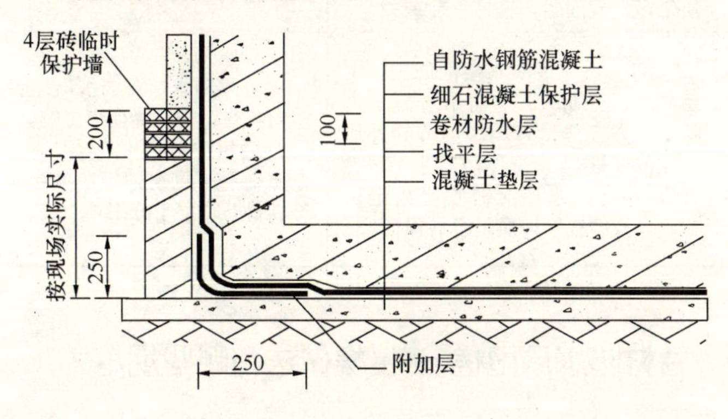

图 2-10　外防外贴法

（2）外防内贴做法构造如图 2-11 所示。

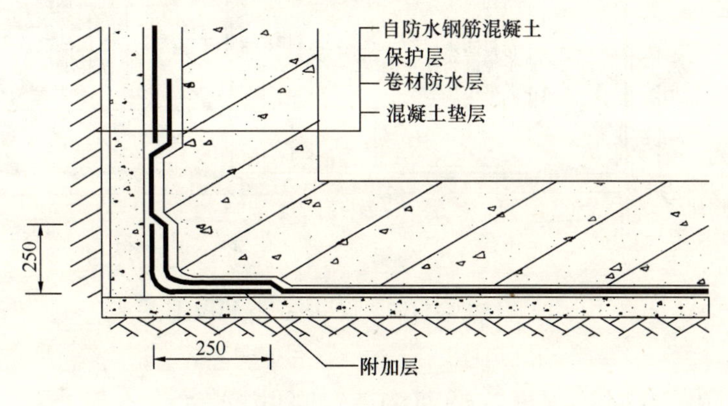

图 2-11　外防内贴法

两种构造的优缺点，见表 2-39 所列。

外防外贴法与外防内贴法的优缺点比较　　表 2-39

施工方法	优　　点	缺　　点
外贴施工法	1. 由于卷材防水层直接粘贴在钢筋混凝土的外表面，防水层能与混凝土结构同步，较少受结构沉降变形影响； 2. 施工时不易损坏防水层，也便于检查混凝土结构及卷材防水层的质量，发现问题，容易修补	1. 防水层要分几次施工、工序较多，工期较长，且需要较大的工作面； 2. 土方工作量大，模板需要用量大； 3. 卷材接头不容易保护好
内贴施工法	1. 可一次完成防水层的施工，工序简单，工期较短。可节省施工占地，土方工作量较小。可节约外墙外侧的模板； 2. 卷材防水层无需临时固定留槎，可连续铺贴，质量容易保证	1. 立墙防水层难与混凝土结构同步，易受结构沉降变形影响； 2. 卷材防水层及结构混凝土的抗渗质量不易检查。如发生渗漏，修补卷材防水层十分困难

2-45　卷材防水层甩槎、接槎做法有哪些规定？

卷材防水层甩槎、接槎做法如图 2-12 所示。

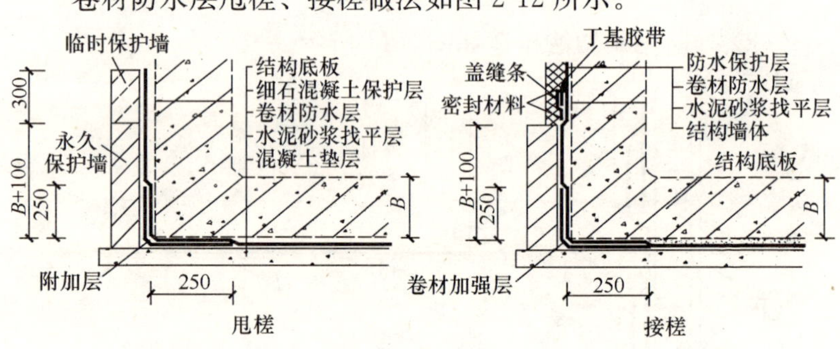

图 2-12　卷材防水层甩槎、接槎做法

2-46　卷材防水层的细部构造有哪些规定？

（1）底板后浇带防水构造如图 2-13、图 2-14 所示。

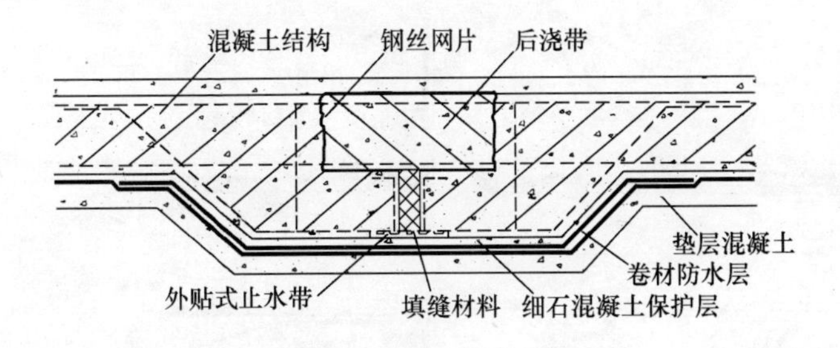

图 2-13　底板后浇带防水构造（一）

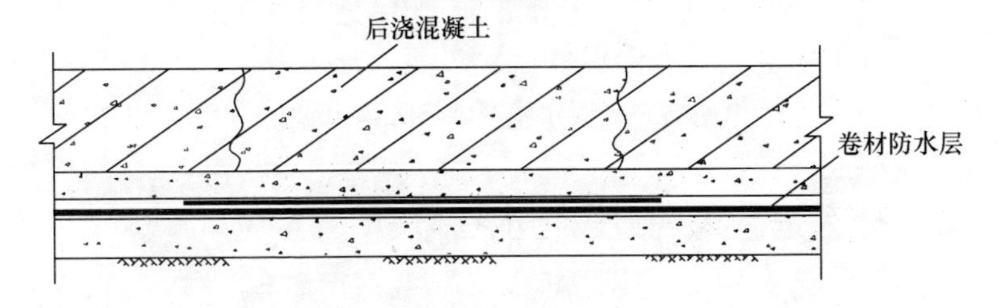

图 2-14　底板后浇带防水构造（二）

（2）底板变形缝防水构造如图 2-15 所示。

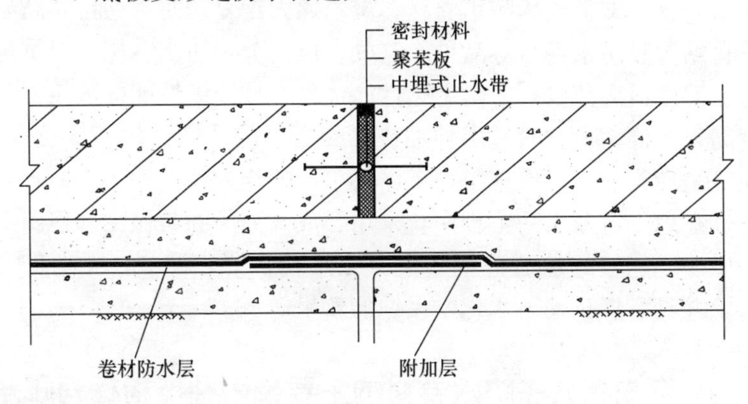

图 2-15　底板变形缝防水构造

（3）穿墙管防水构造如图 2-16 所示。

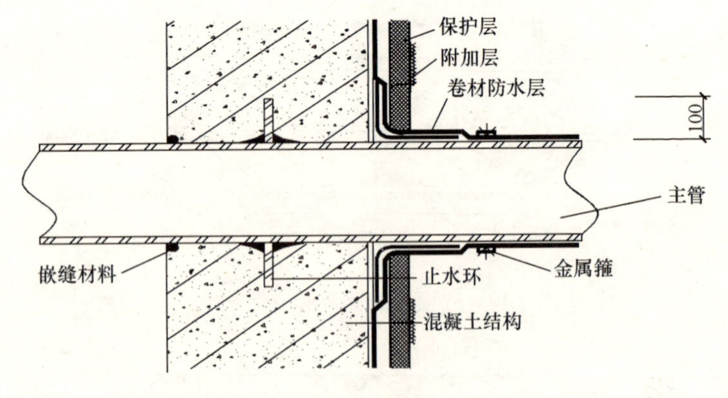

图 2-16　固定式穿墙管防水构造

2-47　什么是合成高分子防水卷材？

合成高分子防水卷材是以合成橡胶、合成树脂或它们两者的共混体为基料，加入适量的化学助剂和填充剂等，采用橡胶或塑料加工工艺制成可卷曲的片状防水材料。主要包括三元乙丙橡胶防水卷材、聚氯乙烯防水卷材、聚乙烯丙纶复合防水卷材和高分子自粘胶膜防水卷材等品种。这些合成高分子防水卷材具有重量轻、温度适应范围广、耐老化性能优良、抗撕裂性能好、拉伸强度高、延伸率大、对基层伸缩或开裂变形的适应性较强等特点，而且是冷作业，单层施工，工序简单，操作方便。

在地下室及人防工程中，采用合成高分子卷材做全外包防水的做法，能较好地适应钢筋混凝土结构沉降、开裂、变形的要求，并具有抵抗地下水化学侵蚀的效果。

2-48　合成高分子防水卷材的主要技术性能指标有哪些规定？其外观质量有何要求？

（1）合成高分子防水卷材主要技术性能指标应符合表 2-40 的要求。

合成高分子防水卷材主要技术性能指标　　　表 2-40

项　目	性能要求			
	三元乙丙橡胶防水卷材	聚氯乙烯防水卷材	聚乙烯丙纶复合防水卷材	高分子自粘胶膜防水卷材
断裂拉伸强度	≥7.5MPa	≥12MPa	≥60N/10mm	≥100N/10mm
断裂伸长率	≥450%	≥250%	≥300%	≥400%
低温弯折性	−40℃，无裂纹	−20℃，无裂纹	−20℃，无裂纹	−20℃，无裂纹
不透水性	压力 0.3MPa，保持时间 120min，不透水			
撕裂强度	≥25kN/mm	≥40kN/mm	≥20N/10mm	≥120N/10mm
复合强度（表层与芯层）			≥1.2N/mm	

（2）合成高分子防水卷材的外观质量应符合表 2-41 的规定。

合成高分子防水卷材的外观质量要求　　　表 2-41

缺陷名称	质量要求
折痕	每卷不超过 2 处，总长度不大于 20mm
杂质	每卷不超过 3 处，杂质直径不大于 0.5mm
胶块	每卷不超过 6 处，每处面积不大于 $4mm^2$
缺胶	每卷不超过 6 处，每处面积不大于 $7mm^2$，深度不超过卷材厚度的 30%
弯曲	边缘不得呈荷叶边状或有卷边现象，每 10m 内弯曲不得超过 15mm
气泡、孔洞、裂纹	不允许存在
接头	每卷不超过 1 处，短段不得少于 3.0m，并加长 150mm 备做搭接

2-49　什么是三元乙丙防水卷材？其施工配套材料有哪些？

（1）三元乙丙橡胶防水卷材是以乙烯、丙烯和双环戊二烯（或乙叉降冰片烯）这三种单体共聚合成的橡胶为主体，掺入适量的丁基橡胶、硫化剂、促进剂、软化剂、补强剂、填充剂等，经过配料、密炼、混炼、拉片、过滤、挤出（或压延）成型、硫化、检验、分卷、包装等工序，加工制成的高弹性防水材料。该材料主要技术性能指标已接近或达到了国外同类产品的水平。

（2）配套材料和辅助材料

1）基层处理剂

一般选用以有机溶剂稀释至含固量为30%左右的聚氨酯溶液或含固量为40%左右的氯丁橡胶乳液作基层处理剂。它的主要作用是隔绝从垫层混凝土中渗透来的水分，并能提高卷材与基层之间的粘附能力，相当于传统石油沥青纸胎油毡施工用的冷底子油。因此，又称为底胶，其用量为0.2～0.3kg/m^2。

2）基层胶粘剂

主要用于卷材与基层表面之间的粘结，一般可选用以氯丁橡胶和丁基酚醛树脂为主要原料，加入适量的化学助剂和有机溶剂制成的胶粘剂（如401胶等）或以氯丁橡胶乳液制成的胶粘剂，其粘结剥离强度应不小于15N/cm，其用量为0.35～0.6kg/m^2。

3）卷材接缝胶粘剂

这是卷材与卷材接缝粘结的一种专用胶粘剂。当粘结三元乙丙橡胶防水卷材接缝时，应选用以丁基橡胶、氯化丁基橡胶、氯化乙丙橡胶等为主要原料，加入适量的硫化剂、促进剂、填充剂和溶剂等配制成的单组分或双组分的常温硫化型胶粘剂。其他卷材的接缝粘结，亦应选用与卷材的材性相容的专用胶粘剂，但其粘结剥离强度均不应小于15N/cm，且浸水168h后的粘结剥离强度保持率亦不应小于70%。该胶粘剂的用量为0.5～0.6kg/m^2。

4）卷材接缝及收头密封剂

一般可选用与卷材性相容的氯磺化聚乙烯密封胶、聚氨酯密封胶、丁基橡胶密封胶以及自粘性丁基密封胶带等，作为卷材接缝处和卷材末端收头处的密封处理，其用量为0.10～0.15kg/m^2。

5）防水层保护材料

在平面部位一般选用干铺350号石油沥青纸胎油毡或0.3mm厚聚乙烯膜作保护隔离层，然后浇筑50mm厚细石混凝土作刚性保护层；立墙外侧可粘贴5～6mm厚的聚乙烯泡沫塑料片材，作为卷材防水层的软保护层。

6）醋酸乙酯或溶剂汽油等

这些有机溶剂是基层处理剂、胶粘剂的稀释剂和施工机具的清洗剂，其总用量为0.2～0.3kg/m^2。

2-50 三元乙丙卷材防水施工需准备哪些施工工具?

三元乙丙橡胶卷材防水施工所需的机具规格及数量，可参照表2-42准备，并可根据工程施工的实际情况增减。

三元乙丙卷材防水施工机具 表2-42

名称	规格	数量	用途
小平铲	小型	3把	清理基层用
扫帚		8把	清理基层用
钢丝刷		3把	清理基层用
高压吹风机	200W	1台	清理基层用
铁抹子		2把	修补基层及末端收头用
皮卷尺	50m	1把	度量尺寸用
钢卷尺	2m	5只	度量尺寸用
小线绳		50m	弹线用
彩色粉		0.5kg	弹线用
粉笔		1盒	打标记用
电动搅拌器	200W	2个	搅拌材料用
开罐刀		2把	开料桶用
剪子		5把	剪裁卷材用
铁桶	10L	2个	胶粘剂容器

续表

名　称	规　格	数　量	用　途
小油漆桶	3L	5个	胶粘剂容器
油漆刷	5～10cm	各5把	涂刷胶粘剂用
滚刷	ϕ60×250	10把/1000m^2	涂刷胶粘剂用
橡皮刮板		3把	涂刷胶粘剂用
钢管	ϕ30×1500	2根	展铺卷材用
铁压辊	ϕ200×300	2个	压实卷材用
手持压辊	ϕ40×50	10个	压实卷材用
手持压辊	ϕ40×5	5个	压实阴角卷材用
嵌缝挤压枪		2个	嵌填密封材料用
自动热风焊机	4000W	1台	焊接热熔卷材接缝用
安全带		5条	劳保用品
工具箱		2个	保存工具用

2-51　如何进行地下室工程三元乙丙防水卷材层施工？

1. 施工前准备

（1）在地下室混凝土垫层表面应抹水泥砂浆找平层，厚15～20mm，表面要求抹平压光，不应有起砂、掉灰、空鼓等缺陷。

（2）找平层应基本干燥，检查干燥程度的简易方法是在基层表面上铺设1m×1m的橡胶卷材，静置3h左右，掀开后如基层表面及卷材表面均无水印，即可铺设卷材。

（3）找平层与突起物相连接的阴、阳角，应抹成均匀光滑的直角。

（4）下雨或将要下雨以及雨后尚未干燥时，不宜进行合成高分子防水卷材的施工。

2. 工艺要点

采用箱形基础时，地下室一般多采用整体全外包防水做法，其工艺分“外防外贴法”和“外防内贴法”两种，如图 2-10、图 2-11 所示。

（1）外防外贴法是将立面卷材防水层直接粘贴在需要做防水的钢筋混凝土结构外表面上，其施工程序是：

清扫找平层表面→涂布基层处理剂→复杂部位附加增强处理→涂布胶粘剂→铺贴卷材→卷材接缝粘结→卷材接缝部位附加增强处理→铺设油毡保护隔离层→浇筑细石混凝土保护层→地下室钢筋混凝土结构施工→地下室外墙防水层施工→浇筑地下室外墙防水层保护层→基坑回填

1）在铺贴合成高分子防水卷材以前，必须将基层表面的突起物、砂浆疙瘩等异物铲除，并把尘土杂物彻底清扫干净。

2）涂布基层处理剂。一般是将聚氨酯涂膜防水材料的甲料、乙料（参见本书聚氨酯涂膜防水施工相关内容）和有机溶液按 1∶1.5∶3 的比例配合搅拌均匀，再用长把滚刷蘸取均匀涂布在基层表面上，干燥 4h 以上，才能进行下一道工序的施工；也可以采用喷浆机喷涂含固量为 40%、pH 值为 4、黏度为 10×10^{-3} Pa·s（10cP）的阳离子氯丁胶乳处理基层，喷涂时要求厚薄均匀一致，并干燥 12h 左右，才能进行下一道工序的施工。

3）复杂部位的附加增强处理。地下室的阴、阳角和穿墙管等易渗漏的薄弱部位，在铺贴卷材前，应采用聚氨酯涂膜防水材料或常温自硫化自粘性丁基橡胶密封胶带进行附加处理。

采用聚氨酯涂膜防水材料处理时，应将聚氨酯甲料和乙料按 1∶1.5 的比例配合搅拌均匀后，涂刷在阴、阳角和穿墙管的根部，涂刷的宽度距中心 200mm 以上，一般涂刷 2～3 遍，涂膜总厚度 1.5mm 以上，待涂膜固化后，才能进行铺贴卷材的施工。

采用常温自硫化型自粘性丁基橡胶密封胶带处理的方法，是将该胶带按图 2-17 和图 2-18 的尺寸剪裁好，并按图标要求粘贴在涂刷过胶粘剂的阴、阳角和穿墙管根部，粘贴就位后，要立即用手持压辊滚压（表面隔离纸不能撕掉），使其粘结牢固，封闭严密。

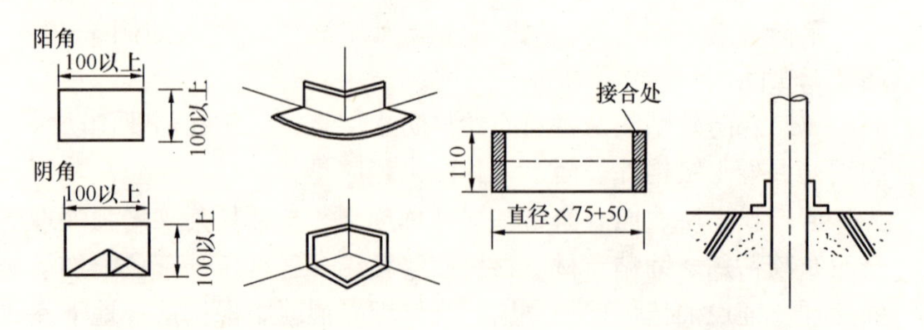

图 2-17　阴、阳角用密封胶带做附加增强层

图 2-18　穿墙管根部用密封胶带做附加增强处理

4）涂布基层胶粘剂。先将盛氯丁系胶粘剂（如 404 胶等）或其他专用胶粘剂的铁桶打开，用电动搅拌器搅拌均匀，即可进行涂布施工。

在卷材表面涂布胶粘剂：将卷材展开摊铺在平整干净的基层上，用长把滚刷蘸满胶粘剂均匀涂布在卷材表面上。但搭接缝部位的 100mm 范围内不涂胶（图 2-19）。涂胶后静置 20min 左右，待胶膜基本干燥，指触不粘时，即可进行卷材铺贴。

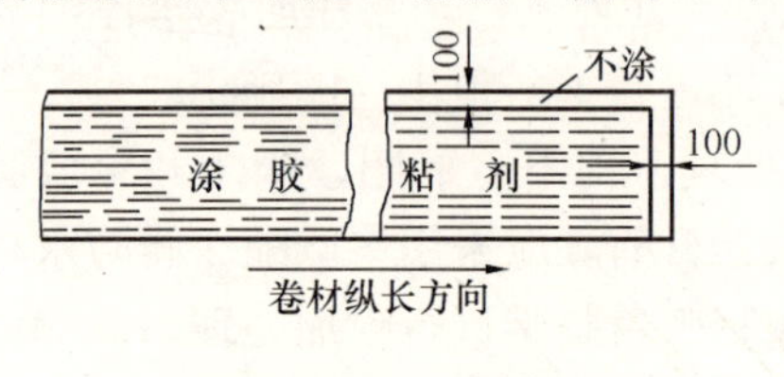

图 2-19　卷材涂胶部位

在基层表面涂布胶粘剂：用长把滚刷蘸满胶粘剂，均匀涂布在基层处理剂已基本干燥和干净的基层表面上，涂胶后静置 20min 左右，待指触基本不粘时，即可进行卷材铺贴。

5）卷材铺贴可从一端开始。先用粉线弹出基准线，将已涂胶粘剂的卷材卷成圆筒形，然后在圆筒形卷材的中心插入 1 根 $\phi 30 \times 1500$ 的钢管，由两人分别手持钢管的两端，并使卷材的一端固定在预定的部位，再沿基准线铺展。在铺设卷材的过程中，不要将卷材拉的过紧，更不允许拉伸卷材，也不得出现皱折现象。

平面与立面相连的卷材，应先铺贴平面然后向立面铺贴，并使卷材紧贴阴、阳角。铺贴时，不得出现空鼓现象。接缝部位必须距离阴、阳角250mm以上。

每当铺完一张卷材后，应立即用干净松软的长把滚刷从卷材一端开始朝横方向顺序用力滚压一遍（图2-20），以彻底排除卷材与基层之间的空气。排除空气后，平面部位可用外包橡胶的长30cm、重30～40kg的铁辊滚压一遍，使其粘结牢固。垂直部位可用手持压辊滚压粘牢。

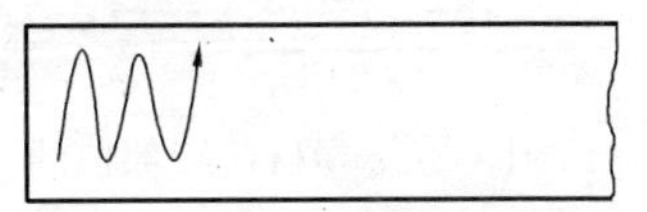
图2-20　排除空气的滚压方向

6）卷材接缝的搭接宽度一般为100mm，在接缝部位每隔1m左右处，涂刷少许胶粘剂，待其基本干燥后，将搭接部位的卷材翻开，先做临时粘结固定（图2-21）。然后将粘结卷材接缝用的双组分或单组分的专用胶粘剂（如为双组分胶粘剂，应按规定比例配合搅拌均匀），用油漆刷均匀涂刷在翻开的卷材接缝的两个粘结面上，涂胶量一般以0.55kg/m^{2}左右为宜，涂胶20min左右，以指触基本不粘手后，用手一边压合，一边驱除空气。粘合后再用手持压辊顺序认真滚压一遍。接

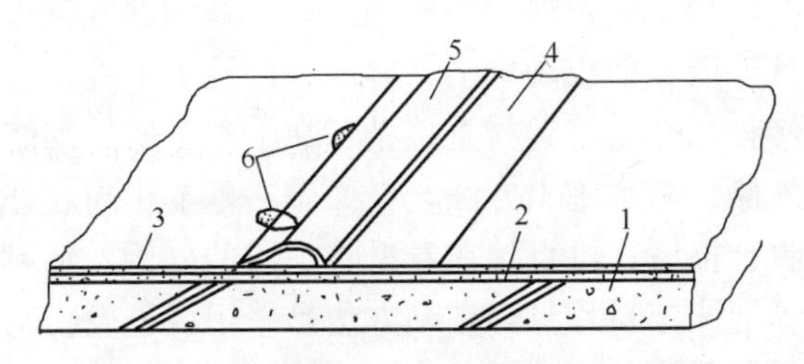

图2-21　搭接缝部位卷材的桩时粘结固定

1—混凝土垫层；2—水泥砂浆找平层；3—卷材防水层；4—卷材搭接缝部位；5—接头部位翻开的卷材；6—胶粘剂临时粘结固定点

缝处不允许存在气泡和皱折现象。凡遇到三层卷材重叠的接缝处，必须填充单组分密封胶封闭。

7）卷材搭接缝是地下工程容易发生渗漏水的薄弱部位，必须在接缝边缘嵌填密封胶后，骑缝粘贴一条宽 120mm 的卷材胶条（粘贴方法同前），进行附加处理。在用手持压辊滚压粘结牢固后，还要在附加补强胶条的两侧边缘部位，用单组分或双组分密封胶进行封闭处理（图 2-22）。

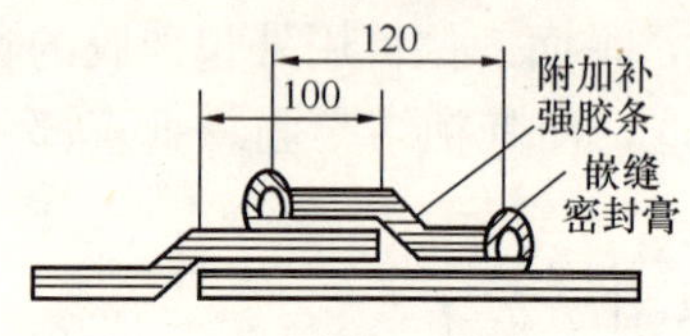

图 2-22　卷材接缝部位的附加补强处理

8）当卷材防水层铺设完毕，经过认真和全面检查验收合格后，可在平面部位的卷材防水层上，虚铺一层石油沥青纸胎油毡等作保护隔离层，铺设时可用少许胶粘剂（如 404 胶等）花粘固定，以防止在浇筑细石混凝土刚性保护层时发生位移。

9）在完成油毡保护隔离层的铺设后，平面部位可浇筑 50mm 厚的细石混凝土保护层。浇筑混凝土时，切勿损坏油毡和卷材防水层，如有损坏，必须及时用接缝专用胶粘剂粘补一块卷材进行修复，然后继续浇筑细石混凝土，以免留下隐患，造成渗漏水质量事故。

10）外墙防水层及保护层的施工，可在钢筋混凝土外墙拆模后进行。凡外墙表面出现蜂窝、麻面、凹凸不平处，应先用水泥砂浆进行修补，然后将卷材直接粘贴在平整干燥的钢筋混凝土结构外墙的外侧。防水施工方法与平面做法基本相同。外墙防水层经检查验收合格后，可直接在卷材防水层的外侧，粘贴 5～6mm 厚的聚乙烯泡沫塑料片材，粘贴方法是采用氯丁橡胶系胶粘剂或其他胶粘剂花粘固定。也可以用 40mm 厚聚苯乙烯泡沫塑料板代替聚乙烯泡沫塑料，但胶粘剂应采用聚醋酸乙烯乳液代替氯丁橡胶系胶粘剂。

在完成聚乙烯泡沫塑料软保护层的施工后，即可根据设计要求在基坑内分步回填、分步夯实，并做好散水。

(2) 外防内贴法是在施工条件受到限制，外防外贴法施工难以实施时，不得不采用的一种防水施工法。因为它的防水效果不如外防外贴施工法。外防内贴法施工是在垫层混凝土边沿上砌筑永久性保护墙，并在平、立面上同时抹砂浆找平层后，完成卷材防水层粘贴，最后进行底板和钢筋混凝土结构的施工。其施工顺序如下：

混凝土垫层四周砌筑永久性保护墙→平、立面抹水泥砂浆找平层→涂刷基层处理剂→涂刷胶粘剂→铺贴卷材→平面铺设防水层隔离层→立面粘贴聚乙烯泡沫塑料片材保护层→平面浇筑细石混凝土保护层→地下室钢筋混凝土结构施工→基坑回填。

1) 在已浇筑的混凝土垫层四周砌筑永久性保护墙。

2) 平、立面抹 1：2.5 水泥砂浆找平层，厚 15～20mm，要求抹平压光，无空鼓、起砂、掉皮现象。

3) 待找平层干燥后，涂刷基层处理剂。

4) 按照先立面后平面的铺贴顺序，铺贴防水卷材。其具体铺贴方法与“外防外贴法”相同。

5) 卷材防水层铺贴完毕，经检查验收合格后，在墙体防水层的内侧可按外贴法粘贴 5～6mm 厚聚乙烯泡沫塑料片材作保护层；平面可虚铺油毡保护隔离层后，浇筑 50mm 厚的细石混凝土保护层。

6) 按照设计要求进行地下室钢筋混凝土主体结构施工。

7) 基坑分步回填、分步夯实，并做好散水。

3. 质量要求

(1) 所选用的合成高分子防水卷材的各项技术性能指标，应符合相关标准规定或设计要求，并应附有现场取样进行复核验证的质量检测报告或其他有关材料质量的证明文件。

(2) 卷材的搭接宽度和附加补强胶条的宽度，均应符合设计要求。一般搭接缝宽度不宜小于 100mm，卷材搭接缝的有效焊接宽度不应小于 25mm，附加补强胶条的宽度不宜小于 120mm。

（3）卷材的搭接缝以及与附加补强胶条的粘结，必须牢固、封闭严密。不允许有皱折、孔洞、翘边、脱层、滑移或存在渗漏水隐患的其他外观缺陷。

（4）卷材与穿墙管之间应粘结牢固，卷材的末端收头部位，必须封闭严密。

4. 施工注意事项

（1）施工用的材料和配套、辅助材料多属易燃物质，故存放材料的仓库以及施工现场，必须通风良好，严禁烟火，同时要备有消防器材。

（2）在进行立体交叉作业施工时，施工人员必须佩戴安全帽。

（3）每次用完的施工机具，必须及时用有机溶剂清洗干净，以便于重复使用。

（4）在浇筑细石混凝土保护层以前的整个施工过程中，穿鞋底带有钉子的人员不允许进入现场，以免损坏防水层。

其他合成高分子防水卷材与三元乙丙橡胶卷材的施工方法基本相同，但热塑性卷材的接缝可采用焊接法；高分子自粘胶膜卷材可采用预铺反粘法；聚乙烯丙纶卷材可与专用的聚合物水泥粘结料满粘施工，形成复合防水层。具体施工方法可按专项工法进行。

2-52 什么是高聚物改性沥青防水卷材？其特点是什么？

高聚物改性沥青防水卷材是以合成高分子聚合物（简称高聚物）改性沥青为涂盖层、纤维织物、纤维毡、塑料膜或金属箔为胎体，粉状、粒状、片状或薄膜材料为覆面材料，制成可卷曲的片状防水材料。主要包括聚酯毡胎和玻纤毡胎的SBS改性沥青防水卷材、APP改性沥青防水卷材以及聚乙烯胎改性沥青防水卷材、自粘聚合物改性沥青防水卷材等品种。这些改性沥青防水卷材均克服了传统石油沥青纸胎油毡所存在的不足，使其具有高温不易流淌、低温不易脆裂、拉伸强度较高、抗穿刺性能较好、延伸率较大、对基层伸缩或开裂变形的适应性较强以及使用寿命较长等特点。因此，它已成为我国当前重点发展的新型防水材料之一。

2-53 高聚物改性沥青防水卷材的技术性能要求有哪些？

1. 外观质量要求

（1）成卷卷材应卷紧、卷齐，端面里进外出之差不得超过10mm。卷材与覆面材料应相互紧密粘结。

（2）卷材表面应平整，不允许有孔洞、裂纹、疙瘩等缺陷存在。

（3）成卷卷材在环境温度为柔度规定的温度以上时应易于展开，不应有距卷芯1000mm外、长度在10mm以上的裂纹和破坏表面10mm以上的粘结。

（4）所有的纤维毡胎体必须浸透，不应有未被浸渍的浅色斑点。卷材表面撒布材料的颜色和粒度应均匀一致并粘结牢固。

（5）每卷卷材接头不应超过一处，其中较短的一段不得少于2500mm。接头处应剪切整齐，并加长150mm备作搭接。

2. 技术性能要求

高聚物改性沥青防水卷材的主要技术性能应符合表2-43要求。

高聚物改性沥青防水卷材的主要物理性能　　表2-43

<table>
<tr><th colspan="2" rowspan="3">项目名称</th><th colspan="5">性能指标</th></tr>
<tr><th colspan="3">弹性体改性沥青防水卷材</th><th colspan="2">自粘聚合物改性沥青防水卷材</th></tr>
<tr><th>聚酯毡胎体</th><th>玻纤毡胎体</th><th>聚乙烯胎体</th><th>聚酯毡胎体</th><th>无胎体</th></tr>
<tr><td colspan="2">可溶物含量（g/m²）</td><td colspan="3">3mm厚≥2100　4mm厚≥2900</td><td>3mm厚≥2100</td><td>—</td></tr>
<tr><td rowspan="2">拉伸性能</td><td rowspan="2">拉力（N/50mm）</td><td rowspan="2">≥800（纵横向）</td><td rowspan="2">≥500（纵横向）</td><td>≥140（纵向）</td><td rowspan="2">≥450（纵横向）</td><td rowspan="2">≥180（纵横向）</td></tr>
<tr><td>≥120（横向）</td></tr>
</table>

续表

项目名称	性能指标				
	弹性体改性沥青防水卷材			自粘聚合物改性沥青防水卷材	
	聚酯毡胎体	玻纤毡胎体	聚乙烯胎体	聚酯毡胎体	无胎体
拉伸性能 延伸率（%）	最大拉力时≥40（纵横向）	—	断裂时≥250（纵横向）	最大拉力时≥30（纵横向）	断裂时≥200（纵横向）
低温柔度（℃）	－25，无裂纹				
耐老化后低温柔度（℃）	－20，无裂缝			－22，无裂纹	
不透水性	压力0.3MPa，保持时间120min，不透水				

2-54 高聚物改性沥青防水卷材施工的配套材料有哪些？

（1）配套材料主要包括基层处理剂和胶粘剂。基层处理剂（相当于传统施工用的冷底子油）和高聚物改性沥青胶粘剂（以下简称胶粘剂），主要用于对防水基层表面的密封和卷材与基层的粘结，亦可用于水落口、管子根、阴阳角等容易渗漏水的薄弱部位进行附加补强处理或卷材接缝的粘结，以及卷材末端收头的密封处理等。一般宜选用高聚物改性沥青的汽油溶液作基层处理剂和胶粘剂。粘结剥离强度应大于8N/cm。

（2）辅助材料主要包括工业汽油和液化石油气。工业汽油主要作基层处理剂和胶粘剂的稀释剂以及施工机具的清洗剂，并可用做汽化油火焰加热器或喷灯的燃料；液化石油气主要用做火焰加热器的燃料。

2-55 高聚物改性沥青防水卷材施工需准备哪些施工机具？

高聚物改性沥青防水卷材的施工机具，主要包括火焰加热器、热风熔接机、滚动刷等，详见表 2-44 所列。

主要施工机具　　　　表 2-44

机具名称	规格	数量	用途
火焰加热器或汽油喷灯		4～5 套	热熔法施工防水层
热风熔接机	3～4kW	1～2 套	热风焊接热塑性卷材接缝
高压吹风机	200W	1 个	清理基层
电动搅拌器	200W	1 台	搅拌胶粘剂等
滚动刷	ϕ60×250	4～5 把	涂布胶粘剂等
剪刀		2～3 把	剪裁卷材
钢卷尺	2m	2～3 把	度量尺寸

2-56 地下室工程高聚物改性沥青卷材防水的施工要点有哪些?

高聚物改性沥青防水卷材在地下室工程的外防外贴法的施工步骤一般是先做平面，后做立面。

施工时应先在混凝土垫层的四周，按设计要求砌筑永久性保护墙，并在其上砌筑临时保护墙（用石灰砂浆砌筑），然后在混凝土垫层和永久性保护墙上抹 1∶3 的水泥砂浆找平层，在临时性保护墙上抹 1∶3 的石灰砂浆找平层，厚度为 15～20mm，要求抹平压光，待找平层干燥后，再涂刷基层处理剂，并顺序铺设卷材防水层。其工艺流程如下：

砌筑永久性和临时性保护墙→平、立面抹水泥砂浆和石灰砂浆找平层→涂布基层处理剂→涂布胶粘剂→铺贴卷材防水层→内保护层施工→地下室钢筋混凝土结构施工→立墙外保护层施工→基坑回填。

（1）找平层应抹平压光，不应有空鼓、起砂、掉灰和凹凸不平等缺陷，表面应洁净、干燥。

（2）铺卷材前，先将基层表面的砂浆疙瘩、尘土、杂物等彻底清扫干净。然后将胶粘剂和工业汽油按 1：0.5（重量比）的比例稀释，搅拌均匀后，用长把滚刷均匀涂布在干净和干燥的基面上，干燥 4h 以上，方可铺设卷材防水层。

（3）采用满粘法铺设高聚物改性沥青卷材防水层有以下两种方法：

1）冷热结合施工法。可按卷材的配置方案，在基层处理剂已干燥的基层表面上，边涂布胶粘剂边滚铺卷材，并用压辊滚压驱除卷材与基层之间的空气，使其粘结牢固。对卷材搭接缝部位，可采用热风焊接机或火焰加热器进行热熔焊接的方法，使其粘结牢固，封闭严密，如图 2-23 所示。

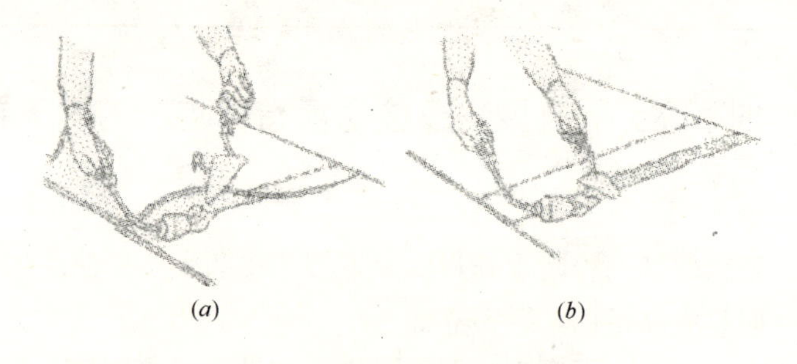

(*a*)　　(*b*)

图 2-23　搭接缝熔焊粘结示意图

（*a*）用火炬熔焊粘结；（*b*）接缝粘结后再用火炬及抹子在接缝边缘热熔抹压一遍

2）热熔焊接施工法。将卷材（厚度应在 3mm 以上）展铺在基层处理剂已干燥的预定部位，确定铺设的位置后，用火焰加热器（热熔法铺贴高聚物改性沥青防水卷材的专用机具）加热熔融卷材末端的涂盖层，使其粘结在基层表面，接着再把卷材的其余部分重新卷起，并用火焰加热器对准卷材与基层表面的夹角（图 2-24 和图 2-25），火炬与卷材表面的距离为 300mm 左右，幅宽内加热应均匀，以卷材表面开始熔融至光亮黑色时，即可边加热边向前滚铺卷材，并以卷材两侧的边缘或搭接缝的边缘溢出少量热熔的改性沥青为度，使卷材与基层、卷材与卷材的搭接缝粘结牢固，封闭严密。

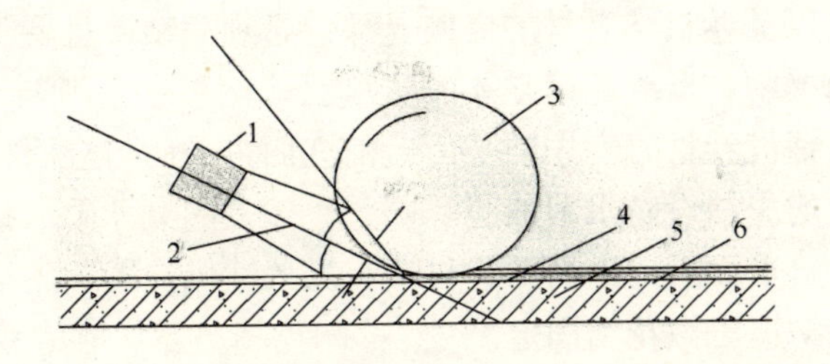

图 2-24　熔焊火炬与成卷卷材和基层表面的相对位置

1—喷嘴；2—火焰；3—成卷的卷材；4—水泥砂浆找平层；5—混凝土垫层；6—卷材防水层

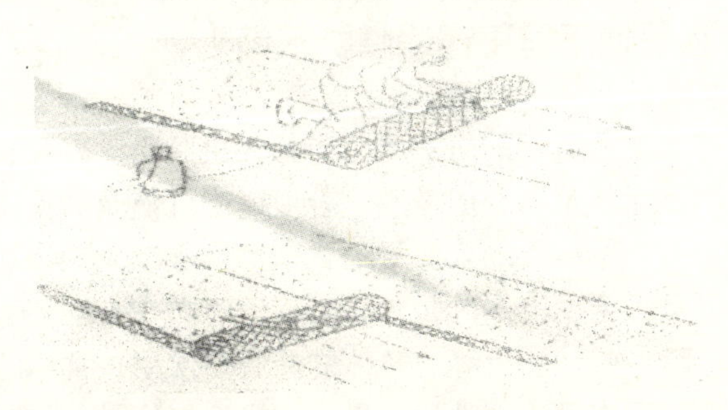

图 2-25　卷材热熔施工示意图

如为双层或多层卷材防水时，可在铺设上一层卷材过程中，使其搭接缝与下一层卷材的接缝错开 1/3～1/2 幅宽（图 2-26）。

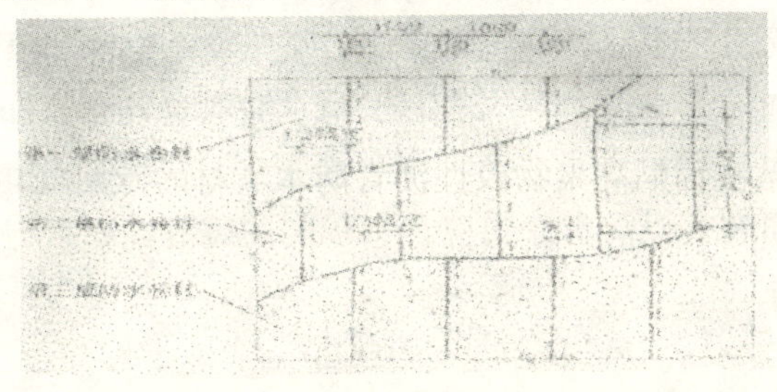

图 2-26　防水屋搭接示意图

地下室混凝土垫层表面的卷材防水层除采用满粘法施工以外，也可以采用空铺法、点粘法或条粘法铺设卷材，但立面的卷材防水层以及卷材与卷材的搭接缝部位必须满粘，且要求粘结牢固，封闭严密，形成连续整体的防水层。

（4）铺设卷材时宜先铺平面后铺立面，平面与立面相连接的阴角部位均应铺设防水附加层。

（5）自平面折向立面的卷材，与永久性保护墙应满粘贴，与临时性保护墙可做花粘固定。

（6）卷材防水层铺设完毕并经检查验收合格后，应立即进行保护层施工。保护层施工同合成高分子卷材防水施工。

2-57 什么是地下室工程涂膜防水施工？

地下防水工程应用的防水涂料包括无机防水涂料和有机防水涂料。有机类涂料是以合成橡胶、合成树脂乳液及高聚物改性沥青类材料为主要原料，加入适量的化学助剂和填充剂等加工制成的在常温下呈无定型液态的防水材料，经涂布在基层表面后，能形成一层连续、弹性、无缝、整体的涂膜防水层。常用的有机防水涂料可选用反应型、水乳型、聚合物水泥等涂料，如聚氨酯防水涂料、硅橡胶防水涂料、喷涂速凝橡胶沥青防水涂料等。

无机类涂料主要是水泥类无机活性涂料。无机防水涂料可选用掺外加剂、掺合料的水泥基防水涂料、水泥基渗透结晶型防水涂料等。无机防水涂料应具有良好的湿干粘结性和耐磨性，宜用于结构主体的背水面，选用的有机防水涂料应具有较好的延伸性及较大适应基层变形能力，宜用于地下工程主体结构的迎水面，用于背水面的有机防水涂料应具有较高的抗渗性，且与基层有较好的粘结性。

2-58 对防水涂料的技术性能有何要求？

无机防水涂料的性能指标应符合表 2-45 的规定，有机防水涂料的性能指标应符合表 2-46 的规定。

无机防水涂料的性能指标　　表 2-45

涂料种类	抗折强度（MPa）	粘结强度（MPa）	一次抗渗性（MPa）	二次抗渗性（MPa）	冻融循环（次）
掺外加剂、掺合料的水泥基防水涂料	>4	>1.0	>0.8	—	>50
水泥基渗透结晶型防水涂料	≥4	≥1.0	>1.0	>0.8	>50

有机防水涂料的性能指标　　表 2-46

涂料种类	可操作时间（min）	潮湿基面粘结强度（MPa）	抗渗性（MPa）			浸水 168h 后拉伸强度（MPa）	浸水 168h 后断裂伸长率（%）	耐水性（%）	表干（h）	实干（h）
			涂膜（120min）	砂浆迎水面	砂浆背水面					
反应型	≥20	≥0.5	≥0.3	≥0.8	≥0.3	≥1.7	≥400	≥80	≤12	≤24
水乳型	≥50	≥0.2	≥0.3	≥0.8	≥0.3	≥0.5	≥350	≥80	≤4	≤12
聚合物水泥	≥30	≥1.0	≥0.3	≥0.8	≥0.6	≥1.5	≥80	≥80	≤4	≤12

2-59　什么是聚氨酯防水涂料？

聚氨酯涂膜防水材料有单组分与双组分两种类型。双组分聚氨酯材料是化学反应固化型的高弹性防水涂料，其中甲组分是以聚醚树脂和二异氰酸酯等原料，经过氢转移加成聚合反应制成的含有端异氰酸酯基（—NCO）的聚氨基甲酸酯预聚物；乙组分是由交联剂（或称硫化剂）、促进剂（或称催化剂）、抗水剂（石油沥青等）、增韧剂、稀释剂等材料，经过脱水、混合、研磨、包装等工序加工制成。

2-60　采用聚氨酯涂膜材料进行防水施工的优缺点是什么？

采用聚氨酯涂膜防水材料的优缺点见表 2-47 所列。

聚氨酯涂膜防水材料的优缺点　　表 2-47

优　点	缺　点
1. 固化前为无定形黏稠状液态物质，在任何形状复杂、管道纵横或变截面的基层表面均易于施工； 2. 端部收头容易粘结牢固，封闭严密，防水工程质量易于保证； 3. 涂料的固体含量高，由化学反应固化成膜，体积收缩小，容易形成连续、弹性、无缝、整体的涂膜防水层； 4. 涂膜的拉伸强度较高、延伸率较大，对基层伸缩或开裂变形的适应性较强	1. 原料为化工产品，故成本较高，售价较贵； 2. 施工时为人工涂刷，涂膜厚度很难做到均匀一致。为此，施工中必须加强技术管理，坚持“薄涂多遍，交叉涂刷”的操作工艺； 3. 涂料中有少量有机溶剂，具有易燃性和对环境的污染性； 4. 双组分聚氨酯材料须在现场按配合比准确计量，经混合搅拌均匀后，方可施工，不如单组分涂料施工方便

2-61　聚氨酯涂膜防水施工的材料有哪些?

由甲苯二异氰酸酯（TDI）、二苯基甲烷二异氰酸酯（MDI）与聚丙二醇醚（N220）和聚丙三醇醚（N330）等原料在加热搅拌的条件下，经过氢转移的加成聚合反应制成，其异氰酸酯基（—NCO）的含量应控制在3.5%左右为宜，其用量为1kg/m^2左右。

1. 聚氨酯涂膜防水材料乙组分

主要由氨基固化剂或羟基固化剂、石油沥青以及促进剂、防霉剂、填充剂等，以加热脱水和搅拌均匀，再经过研磨等工序加工制成的一种混合物，其用量为1.5～2.0kg/m^2。

聚氨酯的甲、乙组分可按1∶1.5～1∶2.0的比例配合搅拌均匀，摊铺成厚度为1.5～2.0mm的防水涂膜经反应固化后而得，其主要技术性能应符合表2-48的要求。

聚氨酯防水涂膜的技术性能　　表2-48

项　目	指　标
拉伸强度（MPa）不小于	2.45
断裂伸长率（%）不小于	450
加热伸缩率（%）	+1，−4
低温柔性（℃）	−35
不透水性0.3MPa×30min	不透水
固体含量（%）不小于	94
涂膜表干时间（h）不大于	4　不粘手
涂膜实干时间（h）不大于	12　无黏着

2. 聚乙烯泡沫塑料片材

厚度为5～6mm，宽度为900～1000mm，表观密度为30～40kg/m^3，主要用做地下室外墙防水涂膜的软保护层。

3. 辅助材料

主要包括乙酸乙酯、二月桂酸二丁基锡和苯磺酰氯等，其质量要求及用途见表2-49所列。

辅助材料的质量要求及用途　　表2-49

材料名称	质量要求	用　途
苯磺酰氯或磷酸	工业纯	涂膜凝固过快时，作缓凝剂用
二月桂酸二丁基锡	工业纯	涂膜凝固过慢时，作促凝剂用
乙酸乙酯	工业纯	稀释涂料及清洗施工机具用

2-62　聚氨酯涂膜防水施工需用哪些施工机具？

主要施工机具可参照表2-50准备。

聚氨酯涂膜防水施工机具 表 2-50

名 称	规格	数量	用 途
电动搅拌器	200W	2台	搅拌混合甲、乙料
拌料桶	ϕ450×500	2个	搅拌混合甲、乙料
小型油漆桶	ϕ250×250	2个	盛混合材料
橡胶刮板		4个	涂刮混合材料
小号钢板刮板		2个	复杂部位涂刮混合材料
50kg 磅秤		1台	配料计量
油漆刷	20、40mm	各3个	涂刷基层处理剂及混合材料
滚动刷	ϕ60×250	5个	涂刷基层处理剂及混合材料
小抹子		2个	修补基层
小平铲		2个	清理基层
笤帚		2把	清理基层
高压吹风机		1台	清理基层

2-63 地下室工程聚氨酯涂膜防水施工要点有哪些？

1. 施工前的准备工作

(1) 为了防止地下水或地表滞水的渗透，确保基层的含水率能满足施工要求，在基坑的混凝土垫层表面上，应抹 20mm 左右厚度的防水砂浆找平层，要求抹平压光，不应有空鼓、起砂、掉灰等缺陷。立墙外表面的混凝土如有水泡、气孔、蜂窝、麻面等现象，应采用加入水泥量 15％的高分子聚合物乳液调制成的水泥腻子填充刮平。阴、阳角部位应抹成小圆弧。

(2) 遇有穿墙套管部位、套管两端应带法兰盘，并要安装牢固，收头圆滑。

(3) 涂膜防水的基层表面应干净、干燥。

2. 工艺要点

施工顺序如下：

清理基层→平面涂布→平面防水层涂布施工→平面部位铺贴油毡隔离层→平面部位浇筑细石混凝土保护层→钢筋混凝土地下结构施工→修补混凝土立墙外表面→立墙外侧涂布底胶和防水层施工→立墙防水层外粘贴聚乙烯泡沫塑料保护层→基坑回填。

(1) 施工前，先将垫层表面的突起物、砂浆疙瘩等异物铲物、并进行彻底清扫。如发现有油污、铁锈等，要用钢丝刷、砂纸和有机溶剂等彻底清洗干净。

(2) 涂布底胶。将聚氨酯甲、乙组分和有机溶剂按1∶1.5∶2的比例（重量比）配合搅拌均匀，再用长把滚刷蘸满均匀涂布在基层表面上，涂布量一般以 0.3kg/m^2 左右为宜。涂布底胶后应干燥固化 4h 以上，才能进行下一道工序的施工。

(3) 配制聚氨酯涂膜防水涂料。将聚氨酯甲、乙组分和有机溶剂按 1∶1.5∶0.3 的比例配合，用电动搅拌器强力搅拌均匀备用。聚氨酯涂膜防水材料应随用随配，配制好的混合料最好在 2h 内用完。

(4) 用长把滚刷蘸满已配制好的聚氨酯涂膜防水混合材料，均匀涂布在底胶已干涸的基层表面上。涂布时要求厚薄均匀一致，对平面基层以涂刷 3～4 度为宜，每度涂布量为 0.6～0.8kg/m^2；对立面基层以涂刷 4～5 度为宜，每度涂布量为 0.5～0.6kg/m^2。防水涂膜的总厚度以不小于 1.5mm 为合格。

涂完第一度涂膜后，一般需固化 5h 以上，在基本不粘手时，再按上述方法涂布第二、三、四、五度涂膜。但在平面的涂布方向，应使后一度与前一度的涂布方向相垂直。凡遇到底板与立墙连接的阴、阳角，均宜铺设聚酯纤维无纺布进行附件增强处理，具体做法是在涂布第二度涂膜后，立即铺贴聚酯纤维无纺布，铺贴时使无纺布均匀平坦地粘结在涂膜上，并滚压密实，不应有空鼓和皱折现象。经过 5h 以上固化后，方可涂布第三度涂膜。

(5) 平面部位铺贴油毡保护隔离层。当平面部位最后一度聚氨酯涂膜完全固化，经过检查验收合格后，即可虚铺一层石油沥青纸胎油毡，保护隔离层，铺设时可用少许聚氨酯混合料或氯丁橡胶系胶粘剂（如 404 胶等）花粘固定，以防止在浇筑细石混凝土保护层时发生位移。

(6) 浇筑细石混凝土保护层。在铺设石油沥青纸胎油毡保护隔离层后，即可浇筑 50mm 厚的细石混凝土作刚性保护层，施工时必须防止施工机具（如手推车或铁锨等）损坏油毡保护隔离层和涂膜防水层。如发现有损坏现象，必须立即用聚氨酯混合材料修复后，方可继续浇筑细石混凝土，以免留下渗漏水的隐患。

(7) 地下室钢筋混凝土结构施工。在完成细石混凝土保护层的施工和养护后，即可根据设计要求进行地下室钢筋混凝土结构施工。

(8) 立面粘贴聚乙烯泡沫塑料保护层。在完成地下室钢筋混凝土结构施工并在立墙外侧涂布防水层后，可在涂膜防水层外侧直接粘贴 5～6mm 厚的聚乙烯泡沫塑料片材作软保护层。其具体做法是：当第四度聚氨酯防水涂膜完全固化并经过检查验收合格后，再均匀涂布第五度涂膜，在该度涂膜未固化前，即粘贴聚乙烯泡沫塑料片材作保护层；也可以在第五度涂膜完全固化后，用氯丁橡胶系胶粘剂（如 404 胶等）把聚乙烯泡沫塑料片材花粘固定，形成防水涂膜的保护层。粘贴时要求泡沫塑料片材拼缝严密。

2-64　地下室工程采用聚氨酯涂膜防水施工要注意哪些问题？

(1) 当甲、乙料混合后固化过快并影响施工时，可加入少许磷酸或苯磺酰氯作缓凝剂，但加入量不得大于甲料的 0.2%。

(2) 当涂膜固化太慢影响下道工序时，可加入少许二月桂酸二丁基锡作促凝剂，但加入量不得大于甲料的 0.3%。

(3) 若刮涂第一度涂层 5h 以上仍有发黏现象时，可在第二度涂层施工前，先涂上一些滑石粉，再上人施工，可避免粘脚。

这种做法对防水工程质量并无影响。

（4）如涂料粘结在金属工具上固化，清洗困难时，可到指定的安全区点火焚烧，将其清除。

（5）如发现乙料有沉淀现象，应搅拌均匀后再使用，不会影响质量。

（6）涂层施工完毕，尚未完全固化时，不允许上人踩踏，否则将损坏防水层，影响防水工程质量。

2-65 地下室工程聚氨酯涂膜防水施工对质量安全有哪些要求？

1. 质量要求

（1）聚氨酯涂膜防水材料的技术性能应符合设计要求或标准规定，并应附有质量证明文件和现场取样进行复验的试验报告以及其他有关质量的证明文件。

（2）聚氨酯涂膜防水层的厚度应均匀一致，其总厚度不应小于1.5mm，必要时可选点割开进行实际测量（割开部位可用聚氨酯混合材料修复）。

（3）防水涂膜应形成一个连续、弹性、无缝、整体的防水层，不允许有开裂、翘边、滑移、脱落和末端收头封闭不严等缺陷。

（4）聚氨酯涂膜防水层必须均匀固化，不应有明显的凹坑、气泡和渗漏水的现象。

2. 安全注意事项

（1）涂膜防水层应严格保护，在做保护层以前，不允许非本工序的施工人员进入施工现场，以防止损坏防水层。

（2）施工用的材料必须用铁桶包装，并要封闭严密，决不允许敞口贮存。

（3）施工用的材料有一定的毒性，存放材料的仓库和施工现场必须通风良好，无通风条件的地方必须安装机械通风设备，否则不允许进行聚氨酯涂膜防水层的施工。

（4）施工材料多属易燃物质，存料、配料以及施工现场必须严禁烟火，并要配备足够的消防器材。

（5）每次施工用过的机具，必须及时用有机溶剂认真清洗干净，以便于重复应用。

2-66 什么是硅橡胶涂膜防水？其特点是什么？

硅橡胶防水涂料是以硅橡胶乳液及其他乳液的复合物为主要基料，掺入无机填料及各种助剂配制而成的乳液型防水涂料，该涂料兼有涂膜防水和浸透性防水材料两者的优良性能，具有良好的防水性、渗透性、成膜性、弹性、粘结性和耐高低温性。

硅橡胶防水涂料分为1号及2号复合使用。1号、2号均为单组分。1号用于底层及表层，2号用于中间层并作加强层。其特点如下：

（1）适应基层的变形能力强。可渗入基底，与基底粘结牢固。

（2）冷作业。施工方便，可涂刷或喷涂。

（3）成膜速度快。可在潮湿基层上施工。

（4）无毒、无味、不燃，安全可靠。

（5）便于修补。凡施工遗漏或破损处可按要求涂刷四遍即可。

2-67 为什么硅橡胶防水涂料能防水？其技术性能如何？

硅橡胶防水涂料是以水为分散介质的水性涂料，失水固化后形成网状结构的涂膜防水层。将涂料涂刷在各种基底表面后，随着水分的渗透和蒸发，随颗粒密度增大而失去流动性。当干燥过程继续进行，过剩水分继续蒸发，乳液颗粒渐渐彼此接触集聚，在交联剂、催化剂的作用下，不断进行交联反应，最终形成均匀、致密的橡胶状弹性连续膜。其综合技术性能见表2-51所列。

硅橡胶防水涂料的技术性能　　表 2-51

项　目	性　能
pH	8
固体含量	1号：41.8%；2号：66.0%
表干时间	<45min
黏度(涂－4杯)	1号：1'08"；2号：3'54"
抗渗性	迎水面1.1～1.5MPa恒压一周无变化，背水面0.3～0.5MPa
渗透性	可渗入基底0.3mm左右
抗裂性	基层开裂：4.5～6mm(涂膜厚0.4～0.5mm)，不裂
延伸率	640%～1000%
低温柔性	－30℃，冰冻10d，ϕ3
扯断强度	2.2MPa
直角撕裂强度	81N/cm
粘结强度	0.57MPa
耐热	100±1℃，6h不起鼓、不脱落
耐碱	饱和$Ca(OH)_2$和0.1% NaOH混合液室温15℃浸泡15d，不起鼓、不脱落
耐湿热	在相对湿度>95%、温度50±2℃168h，不起鼓、不起皱、无脱落，延伸率仍保持在70%以上
吸水率	100℃5h：空白9.08%；试样1.92%
回弹率	>85%
耐老化	人工老化168h，不起鼓、不起皱、无脱落，延伸率仍达530%

2-68　硅橡胶防水涂料施工有哪些要求？

1. 基层处理及要求

(1) 基层应平整，要求无死弯、无尖锐棱角，凹凸处需事先进行处理。

(2) 基层上的灰尘、油污、碎屑等杂物应清除干净。

(3) 空鼓处应先铲除，再与有孔洞处一起采用水泥砂浆填补找平，并要达到一定强度。

(4) 阴阳角应做成圆弧。

2. 施工顺序及要求

(1) 一般采用涂刷法，涂刷时用长板刷、排笔等软毛刷进行。

(2) 涂刷的方向和行程长短应一致，要依次上、下、左、右均匀涂刷，不得漏刷。防水涂料涂料层次一般为四道，第一、四道用 1 号涂料，第二、三道用 2 号涂料。

(3) 首先在处理好的基层上均匀地涂刷一道 1 号防水涂料，待其渗透到基层并固化干燥后再涂刷第二道。

(4) 第二、三道均涂刷 2 号防水涂料，每道涂料均应在前一道涂料干燥后再施工。

(5) 当第四道涂料表面干固时，再抹水泥砂浆保护层。

(6) 其他可依照“聚氨酯涂膜防水施工”。

3. 注意事项

(1) 由于渗透性防水材料具有憎水性，因此抹砂浆保护层时，其稠度应小于一般砂浆，并注意压实、抹光，以保证砂浆与防水涂膜粘结良好。

(2) 砂浆层的作用是保护涂膜防水层。因此，应避免砂浆中混入小石子及尖锐的颗粒，以免在抹砂浆保护层时，损伤涂膜防水层。

(3) 施工温度宜在 5℃以上。

（4）使用时涂料不得任意加水。

2-69 什么是喷涂速凝橡胶沥青防水涂料？有哪些特点？

喷涂速凝橡胶沥青防水涂料，是采用特种橡胶乳液对特制的乳化沥青进行改性，形成的一种超强弹性防水涂料，与成膜剂组成双组分材料，经专用喷涂机直接喷涂在防水基面上，即可迅速析水成膜；该材料防水性能优异，弹性高，对基层伸缩或开裂变形的适应性强；可在潮湿基层施工，操作简便，工效高；涂料中不含有机溶剂，符合安全环保要求。

用于细部加强处理或不易喷涂施工部位的防水处理，应采用刷涂或辊涂的方法施工。施工时应采用与喷涂速凝橡胶沥青防水涂料配套的单组分厚浆型高弹性的橡胶沥青防水涂料。

喷涂速凝橡胶沥青防水涂料及配套材料的性能指标应符合表2-52的要求。

喷涂速凝橡胶沥青防水涂料及配套材料的性能指标　　表 2-52

<table>
<tr><th colspan="2" rowspan="2">项　目</th><th colspan="2">喷涂类</th><th>涂刷类（厚浆型）</th></tr>
<tr><th>TLS-100</th><th>TLS-300S</th><th>TLS-HB</th></tr>
<tr><td colspan="2">固体含量（%）≥</td><td colspan="3">55</td></tr>
<tr><td colspan="2">耐热度（℃）</td><td colspan="3">140±2 无流淌、滑动、滴落</td></tr>
<tr><td colspan="2">不透水性（MPa）
30min 无渗水</td><td>0.5</td><td colspan="2">0.3</td></tr>
<tr><td colspan="2">粘结强度（MPa）≥</td><td>0.6</td><td colspan="2">0.5</td></tr>
<tr><td colspan="2">表干时间（h）</td><td colspan="2">—</td><td>4</td></tr>
<tr><td colspan="2">实干时间（h）</td><td colspan="2">—</td><td>12</td></tr>
<tr><td rowspan="4">低温柔度</td><td>标准条件</td><td>−25</td><td colspan="2">−20</td></tr>
<tr><td>碱处理</td><td colspan="3" rowspan="3">−20</td></tr>
<tr><td>热处理</td></tr>
<tr><td>紫外线处理</td></tr>
</table>

续表

<table>
<tr><th colspan="2" rowspan="2">项　　目</th><th colspan="2">喷涂类</th><th>涂刷类（厚浆型）</th></tr>
<tr><th>TLS-100</th><th>TLS-300S</th><th>TLS-HB</th></tr>
<tr><td rowspan="4">断裂伸长率</td><td>标准条件</td><td>1000</td><td colspan="2">800</td></tr>
<tr><td>碱处理</td><td>800</td><td colspan="2">650</td></tr>
<tr><td>热处理</td><td>800</td><td colspan="2">650</td></tr>
<tr><td>紫外线处理</td><td>800</td><td colspan="2">650</td></tr>
</table>

注：供需双方可以商定温度更低的低温柔度指标。

喷涂速凝橡胶沥青防水涂料的环保性能指标应符合表2-53的要求。

喷涂速凝橡胶沥青防水涂料的环保性能指标　　表2-53

项　　目	质量要求
挥发性有机化合物（VOC）（g/L）≤	120
游离甲醛（mg/kg）≤	200
苯、甲苯、乙苯和二甲苯总量（mg/kg）≤	300
氨（mg/kg）≤	1000

辅助材料主要为胎体增强材料。防水层空铺时，胎体增强材料宜用耐水性、耐腐蚀性强的40～50g/m^{2}化纤无纺布、聚酯无纺布；防水层实铺时，宜用网眼为8mm×8mm的玻纤网格布。

2-70　地下室工程喷涂速凝橡胶沥青防水涂膜施工的构造做法有哪些规定？

（1）喷涂速凝橡胶沥青防水涂膜，单道设防时厚度应不小于2.0mm，复合设防时厚度应不小于1.0mm，可以根据工程的要求适当增加设计厚度。

（2）喷涂速凝橡胶沥青防水涂膜与其他材料复合使用时，应符合下列规定：

1）相邻材料之间宜具有相容性；相容性不好的材料间搭接时，中间应设置过渡层。

2）喷涂速凝橡胶沥青涂膜防水层的上部不得直接采用热熔法和溶剂型胶粘剂铺设防水卷材。

3）卷材与喷涂速凝橡胶沥青防水涂膜复合使用时，涂膜宜放在下面。

（3）防水层的阴阳角、管道根部、变形缝等细部应设置附加层。附加层由厚浆型橡胶沥青防水涂料和胎体增强材料组成。附加层的宽度应不小于500mm。

（4）底板防水构造应符合表2-54、表2-55的规定。

底板单道设防防水构造　　表2-54

编号	构造层次	构 造 做 法
1	混凝土结构自防水底板	按工程设计
2	保护层	按工程设计
3	喷涂速凝橡胶沥青涂膜防水层	防水层厚度不应小于2.0mm，细部增设夹铺胎体增强材料的附加层
4	找平层	按工程设计
5	混凝土垫层	按工程设计

底板复合防水构造　　表2-55

编号	构造层次	构造做法
1	混凝土结构自防水底板	按工程设计
2	保护层	按工程设计
3	卷材防水层	自粘改性沥青防水卷材或聚乙烯丙纶复合防水卷材（聚乙烯丙纶复合防水卷材用厚浆型橡胶沥青涂膜粘贴时，应待涂膜基本干燥后再铺贴卷材）
4	喷涂速凝橡胶沥青涂料防水层	防水层厚度应不小于1.5mm，细部应增设夹铺胎体增强材料的附加层
5	找平层	按工程设计
6	混凝土垫层	按工程设计

（5）侧墙防水构造应符合表 2-56 的规定。

侧墙设防防水构造 **表 2-56**

编号	构造层次	构造做法
1	混凝土结构自防水墙体	按工程设计
2	找平层	按工程设计
3	喷涂速凝橡胶沥青涂膜防水层	防水层厚度不应小于 2.0mm，细部应增设夹铺胎体增强材料的附加层
4	保护层	按工程设计

（6）细部防水构造

1）底板后浇带防水构造如图 2-27、图 2-28 所示。

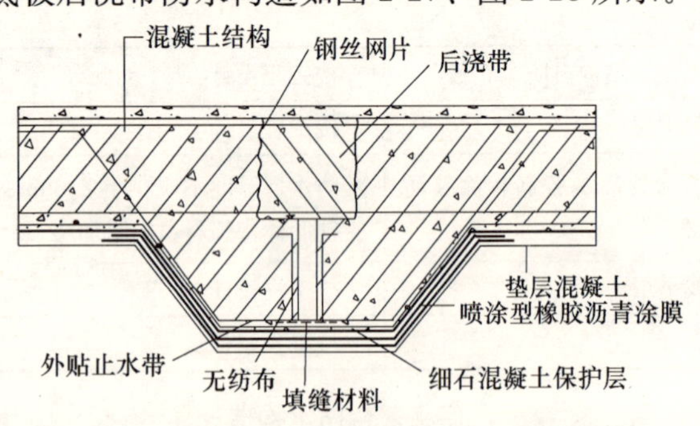

图 2-27 底板后浇带防水构造（1）

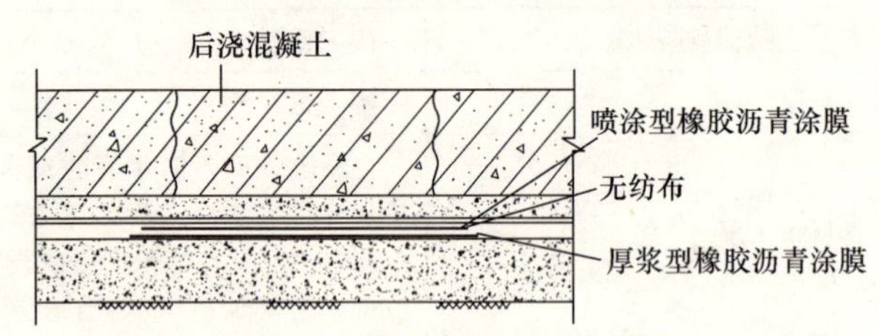

图 2-28 底板后浇带防水构造（2）

2）底板变形缝防水构造如图 2-29 所示。

3）穿墙管防水构造如图 2-30 所示。

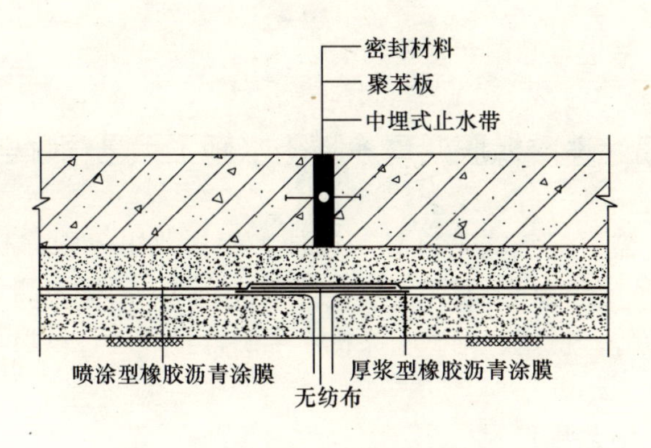

图 2-29　底板变形缝防水构造

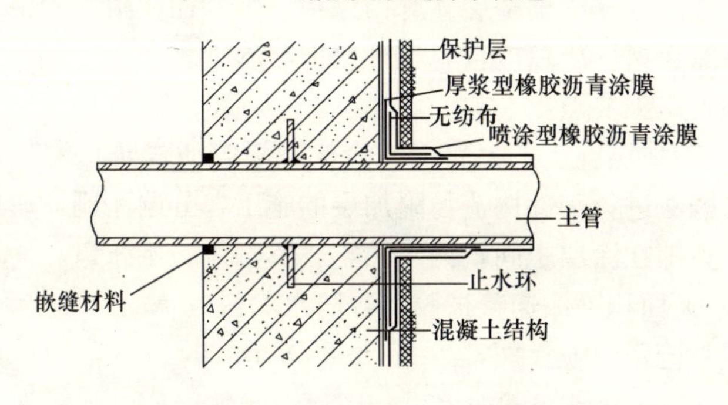

图 2-30　固定式穿墙管防水构造

2-71　喷涂速凝橡胶沥青涂膜防水层施工时对基层有何要求?

(1) 采用水泥砂浆找平层时，水泥砂浆抹平收水后应进行二次压光和充分养护，找平层不得有酥松、起砂、起皮现象。

(2) 穿透防水层的管道、预埋件、设备基础、预留洞口等均应在防水层施工前埋设和安装牢固。

(3) 突出基层的转角部位应抹成圆弧，圆弧半径宜为50mm。

(4) 基层应干净，无浮灰、油渍、杂物。

（5）基层可潮湿，但不得有明水。

2-72 喷涂速凝橡胶沥青涂膜防水施工工艺有哪些要求?

（1）需要配备施工机具，包括：专用双组分喷涂机、储料桶、刷子、压辊、开刀、刮板遮挡布、胶带、温湿度测量仪、厚度测试仪等。检查、调试喷涂机，准确计量并进行试喷，确保喷涂机正常工作。

（2）工艺流程

基层验收→清理基层→遮挡保护→细部构造附加层施工→大面积喷涂涂料→质量检查验收→保护层施工。

（3）施工要点

1）附加层施工。大面积喷涂速凝橡胶沥青防水涂料前，先采用涂刷法进行细部构造与附加层的施工，分遍涂刷，胎体增强材料应夹铺在涂层中间，铺实粘牢，不空鼓、不张口。

2）大面积喷涂速凝橡胶沥青防水涂料

①喷枪距离喷涂面宜为600～800mm，操作人员由前向后倒退施工，2～3mm厚的涂层可一次连续喷涂完成。喷涂速凝橡胶沥青防水涂料应喷涂均匀，厚薄一致。

②喷涂速凝橡胶沥青防水涂层中夹铺胎体增强材料时应符合下列要求：

A. 底层先喷涂厚度不宜小于1.0mm速凝橡胶沥青防水涂膜。

B. 在底层喷涂速凝橡胶沥青涂膜固化后进行胎体增强材料铺贴。

C. 胎体增强材料铺贴应顺直、平整，无折皱，胎体增强材料的长边搭接宽度不得小于50mm，短边搭接宽度不得小于70mm。搭接缝涂抹厚浆型橡胶沥青防水涂料，滚压粘牢、密封。

D. 在胎体增强材料上喷涂速凝橡胶沥青防水涂料，厚度不宜小于1.0mm，不得有空鼓、张口等缺陷。

（4）速凝橡胶沥青防水涂料施工完成后，应进行质量检查。检查细部构造、喷涂质量、涂层厚度、表观质量等，发现缺陷应及时修补。大面积修补宜采用喷涂法，细部构造及小面积修补宜采用厚浆型橡胶沥青防水涂料涂刷。

（5）喷涂速凝橡胶沥青防水涂料施工的环境温度宜为5～35℃。雨天、雪天、4级风以上不得施工。

2-73 什么是聚合物水泥防水涂料?

聚合物水泥防水涂料是以聚合物乳液和水泥为主要原料，加入其他外加剂制得的双组分水性防水涂料。聚合物水泥防水涂料在混凝土结构基层上形成一道不透水的涂膜防水层，以达到防水抗渗的目的。

2-74 对聚合物水泥防水涂料的技术性能有何要求?

聚合物水泥防水涂料的液料应为无杂质、无凝胶的均匀乳液细分，粉料应为无杂质、无结块的粉末。聚合物水泥防水涂料的物理力学性能应符合表2-57的要求。

聚合物水泥防水涂料的物理力学性能　　表2-57

序号	试验项目		性能要求	
			Ⅱ型	Ⅲ型
1	固体含量（%）		≥70	
2	干燥时间	表干时间（h）	≤4	
		实干时间（h）	≤8	
3	拉伸强度	无处理（MPa）	≥1.8	
4	断裂伸长率	无处理（%）	≥80	≥30
5	低温柔性 ϕ10 棒		10℃无裂纹	

续表

序号	试验项目	性能要求	
		Ⅱ型	Ⅲ型
6	不透水性，0.3MPa，30min	不透水	
7	潮湿基面粘结强度（MPa）	0.7	1.0
8	抗渗性（背水面）（MPa）	0.6	≥0.8

2-75　采用聚合物水泥防水涂料的地下室防水工程在防水构造方面有哪些要求?

（1）Ⅱ、Ⅲ型聚合物水泥防水涂料宜用于结构迎水面或背水面。

（2）地下工程采用聚合物水泥防水涂料时，宜选用Ⅱ型或Ⅲ型的防水涂料。

（3）防水涂膜的厚度，单道设防时，厚度不应小于2.0mm；复合使用时，厚度不应小于1.5mm。

（4）底板、侧墙和细部节点的防水构造详见“喷涂速凝橡胶沥青防水涂料施工”。

2-76　采用聚合物水泥防水涂料施工有哪些要求?

（1）基层清理、修补。基层表面的麻面、气孔、凹凸不平、缝隙等缺陷，应进行修补处理，对基层的其他要求与“喷涂速凝橡胶沥青防水涂料施工”相同。

（2）工具准备

1）清理、修补工具：笤帚、高压吹风机、铲刀、小抹子、毛刷。

2）施工用具：电动搅拌器、拌料桶、小桶、刮板、滚筒、毛刷。

3）计量工具：磅秤。

4）检测工具：卡尺、小刀、测厚仪。

（3）材料准备

1）聚合物水泥防水涂料根据工程量、工期进度和施工人员的数量，有计划地进料。材料运输途中及进入现场后，要防止雨淋、暴晒和0℃以下存放。

2）胎体增强材料宜选用聚酯网格布或耐碱玻纤网格布。

（4）施工要点

1）涂料施工前应先对细部构造进行密封或增强处理。

2）涂料的配制和搅拌应符合下列要求：

①双组分涂料配制前，应将液料搅拌均匀。配料应按生产厂家要求进行，不得任意改变配合比。

②粉料与液料按比例配合后应用电动搅拌器搅拌均匀，配制好的涂料应色泽一致，无粉团和沉淀现象。

3）涂料涂布前，应先涂刷基层处理剂。

4）涂料应多遍涂刷，且应在前一遍涂层干燥成膜后，再涂刷后一遍涂料。

5）每遍涂刷应交替改变涂层的涂刷方向，同一涂层涂刷时，先后接槎宽度宜为30～50mm。

6）涂膜防水层的甩槎应避免污染和损坏，接涂前应将甩槎表面清理干净，接槎宽度不应小于100mm。

7）胎体增强材料应铺贴平整、排除气泡，不得有褶皱和胎体外露，胎体层应充分浸透防水涂料；胎体的搭接宽度不应小于50mm。胎体的底层和面层涂膜厚度均不应小于1.0mm。

8）涂膜防水层完工并经验收合格后，应及时做好保护层。

2-77 什么是水泥基渗透结晶型防水材料？

水泥基渗透结晶型防水材料是一种以水泥、石英砂等为基材，掺入各种活性化学物质配成的一种新型刚性防水材料。它既可以作为防水剂直接加入混凝土中，也可以作为防水涂料涂刷在混凝土基面上。该材料中的活性物质以水为载体不断向混凝土内部渗透，并与混凝土中的氢氧化钙等作用形成不溶于水的结晶体充填毛细孔道，大大提高混凝土的密实性和抗渗性。

2-78 水泥基渗透结晶型防水材料的技术性能有哪些?

水泥基渗透结晶型防水材料应为无杂质、无结块的粉末，其物理力学性能应符合表 2-58 的要求。

水泥基渗透结晶型防水材料的物理力学性能　　表 2-58

序号	试验项目		性能指标	
			Ⅰ	Ⅱ
1	安定性		合格	
2	凝结时间	初凝时间（min）	≥20	
		终凝时间（h）	≤24	
3	抗折强度（MPa）	7d	≥2.80	
		28d	≥3.50	
4	抗压强度（MPa）	7d	≥12.0	
		28d	≥18.0	
5	湿基面粘结强度（MPa）		≥1.0	
6	抗渗性	第一次抗渗压强（28d）（MPa）	≥0.8	≥1.2
		第二次抗渗压强（56d）（MPa）	≥0.6	≥0.8
		渗透压强（28d）（%）	≥200	≥300

2-79 采用水泥基渗透结晶型防水材料进行地下室工程防水的防水构造有哪些要求?

（1）水泥基渗透结晶型防水材料可作为外加剂掺入混凝土中，配制成防水混凝土。

(2) 水泥基渗透结晶型防水材料按一定的比例加水搅拌均匀后，可涂刷在混凝土结构迎水面，也可涂刷在混凝土结构的背水面。水泥基渗透结晶型防水材料的用量不应小于1.5kg/m²，且厚度不应小于1.0mm。

(3) 干撒水泥基渗透结晶型防水材料分先撒和后撒两种做法。当先干撒水泥基渗透结晶型防水材料应在混凝土浇筑前30min以内进行，如先浇筑混凝土后撒水泥基渗透结晶型防水材料应在混凝土初凝前干撒完毕。材料用量不应小于2kg/m²。

(4) 水泥基渗透结晶型防水材料涂层可单独作为一道防水层，也可与卷材或其他涂膜防水层复合使用。

2-80 水泥基渗透结晶型防水材料地下室防水工程施工有哪些要求?

1. 对基层的要求

(1) 混凝土表面的隔离剂应清理干净。

(2) 其他与“聚合物水泥防水涂料施工”相同。

2. 施工机具

与“聚合物水泥防水涂料施工”相同。

3. 施工要点

(1) 按产品说明书提供的配合比进行配料，控制用水量，采用电动搅拌器搅拌。配制好的材料应均匀，色泽一致无粉团、无结块。

(2) 配制好的混合料，宜在20min内用完，在施工过程中应不停地搅拌以防止沉淀，且不得任意加水。

(3) 涂料应多遍涂刷，每遍应交替改变涂刷方向。后一遍涂刷应在前一遍涂层指触不粘或按产品说明书要求的间隔时间进行。

(4) 采用喷涂法施工时，喷枪的喷嘴应垂直于基面，合理调整压力、喷嘴与基面距离。

(5) 涂层终凝后应及时进行喷雾状水保湿养护，养护时间不得小于72h。

(6) 养护完毕，经验收合格后，在进行下一道工序施工前应将表面的析出物清理干净。

(7) 干撒施工要保证每平方米材料的用量和施工时间的控制。当水泥基渗透结晶型防水材料干撒在垫层上时，应在浇筑混凝土前30min内完成，当在混凝土浇筑后干撒在混凝土表面时应在混凝土终凝前进行，要采取有效措施保证材料分布均匀、厚薄一致。

2-81 什么是架空地板及离壁衬套墙地下室工程内排水施工?

在高层建筑中，如地下室的标高低于最高地下水位或使用上的需要（如车库冲洗车辆的污水、设备运转冷却水排入地面以下）以及对地下室干燥程度要求十分严格时，可以在外包防水做法的前提下，利用基础底板反梁或在底板上砌筑砖地垄墙，在反梁或地垄墙上铺设架空的钢筋混凝土预制板，并可在钢筋混凝土结构外墙的内侧砌筑离壁衬套墙的做法，以达到排水的目的。

具体做法是：在底板的表面浇筑C20混凝土并形成0.5%的坡度，在适当部位设置深度大于500mm的集水坑，使外部渗入地下室内部的水顺坡度流入集水坑中，再用自动水泵将集水坑中的积水排出建筑物的外部，从而保证架空板以上的地下室处于干燥状态，以能满足地下室使用功能的要求。

三、屋面工程防水

3-1 为什么说屋面工程防水很重要？

屋面防水工程质量的好坏，不仅关系到建筑物的使用寿命，而且直接影响到生产活动和人们的生活。在建筑物的屋面防水工程中，采用各种拉伸强度较高、抗撕裂强度较好、延伸率较大、耐高低温性能优良、使用寿命长的弹性或弹塑性的新型防水材料做屋面的防水层，是提高建筑防水工程质量和延长防水层使用年限、节省维修费用的重要措施。

3-2 屋面防水工程的等级和设防要求有哪些规定？

屋面工程应根据建筑物的性质、重要程度、使用功能要求以及防水层合理使用年限，按不同等级进行设防，并应符合表 3-1 的要求。

屋面防水等级和设防要求　　　　表 3-1

项　目	屋面防水等级			
	Ⅰ	Ⅱ	Ⅲ	Ⅳ
建筑物类别	特别重要或对防水有特殊要求的建筑	重要的建筑和高层建筑	一般的建筑	非永久性的建筑
防水层合理使用年限	25 年	15 年	10 年	5 年
防水层选用材料	宜选用合成高分子防水卷材、高聚物改性沥青防水卷材、金属板材、合成高分子防水涂料、细石混凝土等材料	宜选用高聚物改性沥青防水卷材、合成高分子防水卷材、金属板材、合成高分子防水涂料、高聚物改性沥青防水涂料、细石混凝土、平瓦、油毡瓦等材料	宜选用三毡四油沥青防水卷材、高聚物改性沥青防水卷材、合成高分子防水卷材、金属板材、高聚物改性沥青防水涂料、合成高分子防水涂料、细石混凝土、平瓦、油毡瓦等材料	可选用二毡三油沥青防水卷材、高聚物改性沥青防水涂料等材料

续表

项　目	屋　面　防　水　等　级			
	Ⅰ	Ⅱ	Ⅲ	Ⅳ
设防要求	三道或三道以上防水设防	二道防水设防	一道防水设防	一道防水设防

3-3　对屋面防水工程选用的材料有哪些要求？

屋面工程所采用的防水、保温隔热材料应有产品合格证书和性能检测报告，材料的品种、规格、性能等应符合现行国家产品标准和设计要求。

材料进场后，应按表3-2～表3-16的规定抽样复验，并提出试验报告；不合格的材料，不得在屋面工程中使用。

1. 防水卷材的质量指标

（1）高聚物改性沥青防水卷材的外观质量和物理性能应符合表3-2和表3-3的要求。

高聚物改性沥青防水卷材外观质量　　表3-2

项　目	质　量　要　求
孔洞、缺边、裂口	不允许
边缘不整齐	不超过10mm
胎体露白、未浸透	不允许
撒布材料粒度、颜色	均匀
每卷卷材的接头	不超过1处，较短的一段不应小于1000mm，接头处应加长150mm

高聚物改性沥青防水卷材物理性能　　表3-3

项　目	性　能　要　求		
	聚酯毡胎体	玻纤胎体	聚乙烯胎体
拉力（N/50mm）	≥450	纵向≥350，横向≥250	≥100
延伸率（%）	最大拉力时，≥30	—	断裂时，≥200
耐热度（℃，2h）	SBS卷材90，APP卷材110，无滑动、流淌、滴落		PEE卷材90，无流淌、起泡
低温柔度（℃）	SBS卷材－18，APP卷材－5，PEE卷材－10。3mm厚 r=15mm；4mm厚 r=25mm；3s弯180°，无裂纹		

续表

项目		性能要求		
		聚酯毡胎体	玻纤胎体	聚乙烯胎体
不透水性	压力（MPa）	≥0.3	≥0.2	≥0.3
	保持时间（min）	≥30		

注：SBS——弹性体改性沥青防水卷材；APP——塑性体改性沥青防水卷材；PEE——改性沥青聚乙烯胎防水卷材。

（2）合成高分子防水卷材的外观质量和物理性能应符合表3-4和表3-5的要求。

合成高分子防水卷材外观质量　　表3-4

项目	质量要求
折痕	每卷不超过2处，总长度不超过20mm
杂质	大于0.5mm颗粒不允许，每$1m^2$不超过$9mm^2$
胶块	每卷不超过6处，每处面积不大于$4mm^2$
凹痕	每卷不超过6处，深度不超过本身厚度的30%；树脂类深度不超过15%
每卷卷材的接头	橡胶类每20m不超过1处，较短的一段不应小于3000mm，接头处应加长150mm；树脂类20m长度内不允许有接头

合成高分子防水卷材物理性能　　表3-5

项目		性能要求			
		硫化橡胶类	非硫化橡胶类	树脂类	纤维增强类
断裂拉伸强度（MPa）		≥6	≥3	≥10	≥9
扯断伸长率（%）		≥400	≥200	≥200	≥10
低温弯折（℃）		−30	−20	−20	−20
不透水性	压力（MPa）	≥0.3	≥0.2	≥0.3	≥0.3
	保持时间(min)	≥30			
加热收缩率（%）		<1.2	<2.0	<2.0	<1.0
热老化保持率（80℃，168h）	断裂拉伸强度	≥80%			
	扯断伸长率	≥70%			

（3）沥青防水卷材的外观质量和物理性能应符合表 3-6 和表 3-7 的要求。

沥青防水卷材外观质量 **表 3-6**

项　　目	质　量　要　求
孔洞、硌伤	不允许
露胎、涂盖不匀	不允许
折纹、皱折	距卷芯 1000mm 以外，长度不大于 100mm
裂纹	距卷芯 1000mm 以外，长度不大于 10mm
裂口、缺边	边缘裂口小于 20mm；缺边长度小于 50mm，深度小于 20mm
每卷卷材的接头	不超过 1 处，较短的一段不应小于 2500mm，接头处应加长 150mm

沥青防水卷材物理性能 **表 3-7**

项　　目		性能要求	
		350 号	500 号
纵向拉力（25±2℃）（N）		≥340	≥440
耐热度（85±2℃，2h）		不流淌，无集中性气泡	
柔度（18±2℃）		绕 ϕ20mm 圆棒无裂纹	绕 ϕ25mm 圆棒无裂纹
不透水性	压力（MPa）	≥0.10	≥0.15
	保持时间（min）	≥30	≥30

（4）卷材胶粘剂的质量应符合下列规定：

1）改性沥青胶粘剂的粘结剥离强度不应小于 8N/10mm。

2）合成高分子胶粘剂的粘结剥离强度不应小于 15N/10mm，浸水 168h 后的保持率不应小于 70%。

3）双面胶粘带剥离状态下的粘合性不应小于 10N/25mm，浸水 168h 后的保持率不应小于 70%。

2. 防水涂料的质量指标

（1）高聚物改性沥青防水涂料的物理性能应符合表 3-8 的要求。

高聚物改性沥青防水涂料物理性能 **表 3-8**

项　　目	性能要求
固体含量（%）	≥43
耐热度（80℃，5h）	无流淌、起泡和滑动

续表

项目		性能要求
柔性（－10℃）		3mm厚，绕ϕ20mm圆棒无裂纹、断裂
不透水性	压力（MPa）	≥0.1
	保持时间（min）	≥30
延伸（20±2℃拉伸，mm）		≥4.5

（2）合成高分子防水涂料的物理性能应符合表3-9的要求。

合成高分子防水涂料物理性能　　表3-9

项目		性能要求		
		反应固化型	挥发固化型	聚合物水泥涂料
固体含量（%）		≥94	≥65	≥65
拉伸强度（MPa）		≥1.65	≥1.5	≥1.2
断裂延伸率（%）		≥350	≥300	≥200
柔性（℃）		－30，弯折无裂纹	－20，弯折无裂纹	－10，绕ϕ10mm棒无裂纹
不透水性	压力（MPa）	≥0.3		
	保持时间（min）	≥30		

（3）胎体增强材料的质量应符合表3-10的要求。

胎体增强材料质量要求　　表3-10

项目		质量要求		
		聚酯无纺布	化纤无纺布	玻纤网布
外观		均匀，无团状，平整无折皱		
拉力（N/50mm）	纵向	≥150	≥45	≥90
	横向	≥100	≥35	≥50
延伸率（%）	纵向	≥10	≥20	≥3
	横向	≥20	≥25	≥3

3. 密封材料的质量指标

（1）改性石油沥青密封材料的物理性能应符合表 3-11 的要求。

改性石油沥青密封材料物理性能　　表 3-11

项目		性能要求	
		Ⅰ	Ⅱ
耐热度	温度（℃）	70	80
	下垂值（mm）	≤4.0	
低温柔性	温度（℃）	－20	－10
	粘结状态	无裂纹和剥离现象	
拉伸粘结性（%）		≥125	
浸水后拉伸粘结性（%）		≥125	
挥发性（%）		≤2.8	
施工度（mm）		≥22.0	≥20.0

注：改性石油沥青密封材料按耐热度和低温柔性分为Ⅰ类和Ⅱ类。

（2）合成高分子密封材料的物理性能应符合 3-12 的要求。

合成高分子密封材料物理性能　　表 3-12

项目		性能要求	
		弹性体密封材料	塑性体密封材料
拉伸粘结性	拉伸强度（MPa）	≥0.2	≥0.02
	延伸率（%）	≥200	≥250
柔性（℃）		－30，无裂纹	－20，无裂纹
拉伸-压缩循环性能	拉伸-压缩率（%）	≥±20	≥±10
	粘结和内聚破坏面积（%）	≤25	

4. 保温材料的质量指标

（1）松散保温材料的质量应符合表 3-13 的要求。

松散保温材料质量要求 **表 3-13**

项 目	膨胀蛭石	膨胀珍珠岩
粒 径	3～15mm	≥0.15mm，<0.15mm的含量不大于8%
堆积密度	≤300kg/m³	≤120kg/m³
导热系数	≤0.14W/（m·K）	≤0.07W/（m·K）

（2）板状保温材料的质量应符合表 3-14 的要求。

板状保温材料质量要求 **表 3-14**

项 目	聚苯乙烯泡沫塑料类		硬质聚氨酯泡沫塑料	泡沫玻璃	微孔混凝土类	膨胀蛭石（珍珠岩）制品
	挤压	模压				
表观密度(kg/m³)	≥32	15～30	≥30	≥150	500～700	300～800
导热系数[W/(m·K)]	≤0.03	≤0.041	≤0.027	≤0.062	≤0.22	≤0.26
抗压强度(MPa)	—	—	—	≥0.4	≥0.4	≥0.3
在10%形变下的压缩应力(MPa)	≥0.15	≥0.06	≥0.15	—	—	—
70℃,48h后尺寸变化率(%)	≤2.0	≤5.0	≤5.0	≤0.5	—	—
吸水率(V/V,%)	≤1.5	≤6	≤3	≤0.5	—	—
外观质量	板的外形基本平整，无严重凹凸不平；厚度允许偏差为5%，且不大于4mm					

5. 现行建筑防水工程材料标准应按表 3-15 的规定选用。

现行建筑防水工程材料标准 **表 3-15**

类 别	标准名称	标准号
沥青和改性沥青防水卷材	1. 石油沥青纸胎油毡、油纸	GB 326—89
	2. 石油沥青玻璃纤维胎油毡	GB/T 14686—93
	3. 石油沥青玻璃布胎油毡	JC/T 84—1996
	4. 铝箔面油毡	JC/T 504—1992（1996）
	5. 改性沥青聚乙烯胎防水卷材	JC/T 633—1996
	6. 沥青复合胎柔性防水卷材	JC/T 690—1998
	7. 自粘橡胶沥青防水卷材	JC/T 840—1999
	8. 弹性体改性沥青防水卷材	GB 18242—2000
	9. 塑性体改性沥青防水卷材	GB 18243—2000

续表

类别	标准名称	标准号
高分子防水卷材	1. 聚氯乙烯防水卷材	GB 12952—91
	2. 氯化聚乙烯防水卷材	GB 12953—91
	3. 氯化聚乙烯-橡胶共混防水卷材	JC/T 684—1997
	4. 三元丁橡胶防水卷材	JC/T 645—1996
	5. 高分子防水材料（第一部分片材）	GB 18173.1—2000
防水涂料	1. 聚氨酯防水涂料	JC/T 500—1992（1996）
	2. 溶剂型橡胶沥青防水涂料	JC/T 852—1999
	3. 聚合物乳液建筑防水涂料	JC/T 864—2000
	4. 聚合物水泥防水涂料	JC/T 894—2001
密封材料	1. 建筑石油沥青	GB 494—85
	2. 聚氨酯建筑密封膏	JC/T 482—1992（1996）
	3. 聚硫建筑密封膏	JC/T 483—1992（1996）
	4. 丙烯酸建筑密封膏	JC/T 484—1992（1996）
	5. 建筑防水沥青嵌缝油膏	JC/T 207—1996
	6. 聚氯乙烯建筑防水接缝材料	JC/T 798—1997
	7. 建筑用硅酮结构密封胶	GB 16776—1997
刚性防水材料	1. 砂浆、混凝土防水剂	JC 474—92（1999）
	2. 混凝土膨胀剂	JC 476—92（1998）
	3. 水泥基渗透结晶型防水材料	GB 18445—2001
防水材料试验方法	1. 沥青防水卷材试验方法	GB 328—89
	2. 建筑胶粘剂通用试验方法	GB/T 12954—91
	3. 建筑密封材料试验方法	GB/T 13477—92
	4. 建筑防水涂料试验方法	GB/T 16777—1997
	5. 建筑防水材料老化试验方法	GB/T 18244—2000
瓦	1. 油毡瓦	JC/T 503—1992（1996）
	2. 烧结瓦	JC 709—1998
	3. 混凝土平瓦	JC 746—1999

6. 建筑防水工程材料现场抽样复验应符合表 3-16 的规定。

建筑防水工程材料现场抽样复验项目　　　表 3-16

序	材料名称	现场抽样数量	外观质量检验	物理性能检验
1	沥青防水卷材	大于1000卷抽5卷，每500～1000卷抽4卷，100～499卷抽3卷，100卷以下抽2卷，进行规格尺寸和外观质量检验。在外观质量检验合格的卷材中，任取一卷作物理性能检验	孔洞、硌伤、露胎、涂盖不匀，折纹、皱折，裂纹，裂口、缺边，每卷卷材的接头	纵向拉力，耐热度，柔度，不透水性
2	高聚物改性沥青防水卷材	同1	孔洞、缺边、裂口，边缘不整齐，胎体露白、未浸透，撒布材料粒度、颜色，每卷卷材的接头	拉力，最大拉力时延伸率，耐热度，低温柔度，不透水性
3	合成高分子防水卷材	同1	折痕，杂质，胶块，凹痕，每卷卷材的接头	断裂拉伸强度，扯断伸长率，低温弯折，不透水性
4	石油沥青	同一批至少抽一次	—	针入度，延度，软化点
5	沥青玛𤧛脂	每工作班至少抽一次	—	耐热度，柔韧性，粘结力
6	高聚物改性沥青防水涂料	每10t为一批，不足10t按一批抽样	包装完好无损，且标明涂料名称、生产日期、生产厂名、产品有效期；无沉淀、凝胶、分层	固含量，耐热度，柔性，不透水性，延伸
7	合成高分子防水涂料	同6	包装完好无损，且标明涂料名称、生产日期、生产厂名、产品有效期	固体含量，拉伸强度，断裂延伸率，柔性，不透水性
8	胎体增强材料	每3000m² 为一批，不足3000m² 按一批抽样	均匀，无团状，平整，无折皱	拉力，延伸率
9	改性石油沥青密封材料	每2t为一批，不足2t按一批抽样	黑色均匀膏状，无结块和未浸透的填料	耐热度，低温柔性，拉伸粘结性，施工度

续表

序	材料名称	现场抽样数量	外观质量检验	物理性能检验
10	合成高分子密封材料	每1t为一批，不足1t按一批抽样	均匀膏状物，无结皮、凝胶或不易分散的固体团状	拉伸粘结性，柔性
11	平瓦	同一批至少抽一次	边缘整齐，表面光滑，不得有分层、裂纹、露砂	—
12	油毡瓦	同一批至少抽一次	边缘整齐，切槽清晰，厚薄均匀，表面无孔洞、硌伤、裂纹、折皱及起泡	耐热度，柔度
13	金属板材	同一批至少抽一次	边缘整齐，表面光滑，色泽均匀，外形规则，不得有扭翘、脱膜、锈蚀	—

3-4 屋面防水施工对环境气温有何要求?

屋面的保温层和防水层严禁在雨天、雪天和五级风及其以上时施工。施工环境气温宜符合表 3-17 的要求。

屋面保温层和防水层施工环境气温　　表 3-17

项　目	施工环境气温
粘结保温层	热沥青不低于－10℃；水泥砂浆不低于 5℃
沥青防水卷材	不低于 5℃
高聚物改性沥青防水卷材	冷粘法不低于 5℃；热熔法不低于－10℃
合成高分子防水卷材	冷粘法不低于 5℃；热风焊接法不低于－10℃
高聚物改性沥青防水涂料	溶剂型不低于－5℃；水溶型不低于 5℃
合成高分子防水涂料	溶剂型不低于－5℃；水溶型不低于 5℃
刚性防水层	不低于 5℃

3-5 屋面工程各子分部和分项工程是如何划分的?

屋面工程各子分部工程和分项工程的划分，应符合表 3-18

的要求。

屋面工程各子分部工程和分项工程的划分　　表 3-18

分部工程	子分部工程	分项工程
屋面工程	卷材防水屋面	保温层，找平层，卷材防水层，细部构造
	涂膜防水屋面	保温层，找平层，涂膜防水层，细部构造
	刚性防水屋面	细石混凝土防水层，密封材料嵌缝，细部构造
	瓦屋面	平瓦屋面，油毡瓦屋面，金属板材屋面，细部构造
	隔热屋面	架空屋面，蓄水屋面，种植屋面

3-6　屋面防水工程各分项工程的质量检验有哪些要求？

屋面工程各分项工程的施工质量检验批量应符合下列规定：

1. 卷材防水屋面、涂膜防水屋面、刚性防水屋面、瓦屋面和隔热屋面工程，应按屋面面积每 100m^2 抽查一处，每处 10m^2，且不得少于 3 处。

2. 接缝密封防水，每 50m 应抽查一处，每处 5m，且不得少于 3 处。

3. 细部构造根据分项工程的内容，应全部进行检查。

3-7　常见的建筑屋面防水工程的构造有哪几种？

常见的建筑工程屋面防水的构造层次，上人屋面的防水构造见表 3-19 所列，不上人屋面防水构造见表 3-20 所列，倒置式屋面防水构造见表 3-21 所列，蓄水隔热屋面防水构造见表 3-22 所列，种植屋面防水构造见表 3-23 所列。

上人屋面防水构造　　表 3-19

序号	构造层次	构造做法
1	保护层	混凝土或块体材料等
2	隔离层	干铺塑料膜、土工布或卷材等
3	防水层	防水涂料、防水卷材或复合防水层

续表

序号	构造层次	构造做法
4	找平层	按工程设计
5	保温层	按工程设计
6	找坡层	按工程设计
7	屋面结构板	按工程设计

不上人屋面防水构造　　表 3-20

序号	构造层次	构造做法
1	保护层	耐紫外线的浅色涂料或彩砂等
2	防水层	防水涂料、防水卷材或复合防水层
3	找平层	按工程设计
4	保温层	按工程设计
5	找坡层	按工程设计
6	屋面结构板	按工程设计

倒置式屋面防水构造　　表 3-21

编号	构造层次	构造做法
1	压置层	按工程设计
2	保温层	按工程设计
3	隔离层	干铺塑料膜、土工布或卷材等
4	防水层	防水涂料、防水卷材或复合防水层
5	找平层	按工程设计
6	找坡层	按工程设计
7	屋面结构板	按工程设计

蓄水隔热屋面防水构造　　表 3-22

序号	构造层次	构造做法
1	保护层	按工程设计
2	防水层	涂膜防水层＋20mm 厚防水砂浆层
3	蓄水池池体	防水混凝土按工程设计
4	隔离层	干铺塑料膜、土工布或卷材等
5	防水层	防水涂料、防水卷材或复合防水层
6	找平层	按工程设计
7	保温层	按工程设计
8	找坡层	按工程设计
9	屋面结构板	防水混凝土按工程设计

种植屋面防水构造 **表 3-23**

序号	构造层次	构造做法
1	草坪或绿色植被	按工程设计
2	种植土层	按工程设计
3	过滤层	按工程设计
4	排（蓄）水层	按工程设计
5	耐根穿刺防水层	按工程设计
6	防水层	防水涂料、防水卷材或复合防水层
7	找平层	按工程设计
8	保温层	按工程设计
9	找坡层	按工程设计
10	结构层	按工程设计

3-8 屋面工程防水有哪些几种?

屋面工程的类型比较多，从外观形状上可分为：平屋面、坡屋面、球形屋面、拱形屋面、折叠屋面；从构造上可分为：正置式屋面、倒置式屋面、种植屋面、架空隔热屋面、蓄水屋面；从使用功能上可分为：上人屋面、不上人屋面、采光屋面、花园屋面；从材料构成上还可分为：混凝土屋面、瓦屋面、金属屋面等。不同的屋面构造需采用不同的防水做法，从使用的防水材料上又可分为涂料防水屋面，卷材防水屋面等。具体施工有哪些层次，应根据设计要求决定。所以应根据建筑物的性质、重要程度、使用功能以及防水耐用年限等，宜选用合成高分子防水卷材、高聚物改性沥青防水卷材和合成高分子防水涂料等进行单道或多道防水设防。施工时应根据屋面结构特点和设计要求选用不同的防水材料或不同的施工方法，以获得较为理想的防水效果。

3-9 屋面防水层施工对基层有何要求?

（1）找平层应用水泥砂浆抹平压光，并要与基层粘结牢固，无松动现象，也不宜有空鼓、凹坑、起砂、掉灰等现象存在。

(2) 找平层表面应平整光滑，均匀一致，其平整度为：用2m长的直尺检查，基层表面与直尺间的最大空隙不应超过5mm，空隙仅允许平缓变化。

(3) 基层与突出屋面的结构（如女儿墙、天窗、变形缝、烟囱、管道、旗杆等）相连接的阴角，应抹成均匀一致和平整光滑的小圆角；基层与檐口、天沟、水落口、沟脊等连接的转角，应抹成光滑的圆弧形，其半径一般在50～100mm之间，女儿墙与水落口中心距离应在200mm以上。

(4) 平屋面的坡度以2%～3%为宜。当屋面坡度为2%时，宜采用材料找坡；屋面坡度为3%时，宜采用结构找坡，天沟檐沟的纵向坡度不宜小于1%，天沟内水落口周围应做成略低的洼坑。水落口周围直径500mm范围内的排水坡度不应小于5%。自由排水的檐口在200～500mm范围内，其坡度不宜小于15%。

(5) 采用满粘法铺设卷材的基层应干燥。

(6) 基层应采用水泥砂浆或细石混凝土做找平层，找平层的厚度和技术要求应符合表3-24的规定。

找平层厚度和技术要求　　表3-24

类　别	基层种类	厚度（mm）	技术要求
水泥砂浆找平层	整体现浇混凝土 整体现喷保温层	15～20 20～25	1：2.5水泥砂浆
细石混凝土找平层	板状材料保温层、装配式混凝土板	30～40	C20混凝土
混凝土随浇随抹	整体现浇混凝土	—	原浆表面抹平、压光

(7) 在进行防水层施工前，必须将基层表面的突起物、水泥砂浆疙瘩等异物铲除，并将尘土杂物彻底清扫干净。实践证明只清扫一次是不够的，往往需要清扫多次，最后一次最好用高压吹风机或吸尘器进行清理。对阴角、管道根、水落口等部位更应认真清扫干净，如发现油污、铁锈等，必须用砂纸、钢丝刷或有机

溶剂清除掉。

3-10 屋面工程合成高分子防水卷材施工包括哪几种有效做法？

合成高分子卷材防水卷材包括三元乙丙橡胶防水卷材、聚氯乙烯防水卷材、聚乙烯丙纶复合防水卷材、改性三元乙丙（TPV）防水卷材和 TPO 防水卷材等合成高分子防水卷材，已在屋面防水工程中大量应用，均收到了很好的防水效果。

3-11 屋面工程合成高分子防水卷材防水施工构造做法有哪些？

（1）正置式屋面合成高分子防水卷材防水构造如图 3-1 所示。

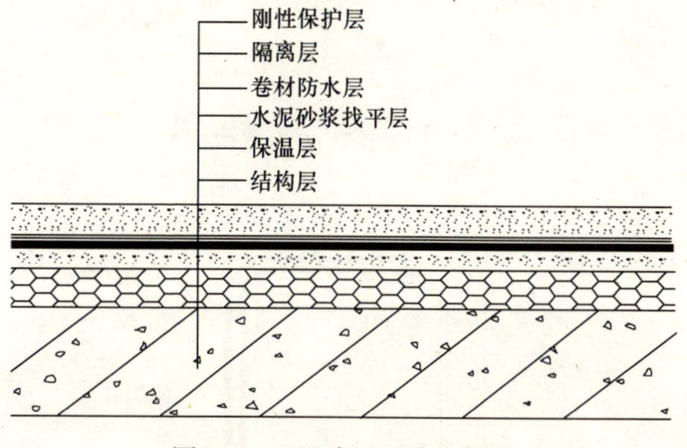

图 3-1　正置式屋面防水构造

（2）倒置式屋面应采用吸水率低、导热系数小、表观密度小并有一定强度的材料做保温层，其构造做法如图 3-2 所示。

（3）天沟、檐沟应增设附加层，天沟、檐沟与屋面交接处的附加层宜空铺，卷材收头应固定密封，其防水构造如图 3-3、图 3-4 所示。

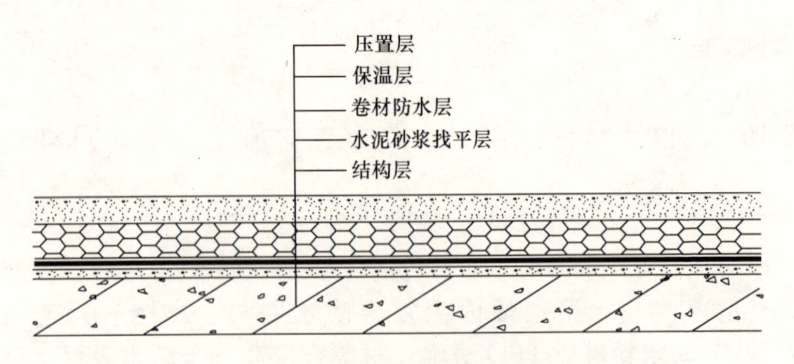

图 3-2　倒置式屋面防水构造

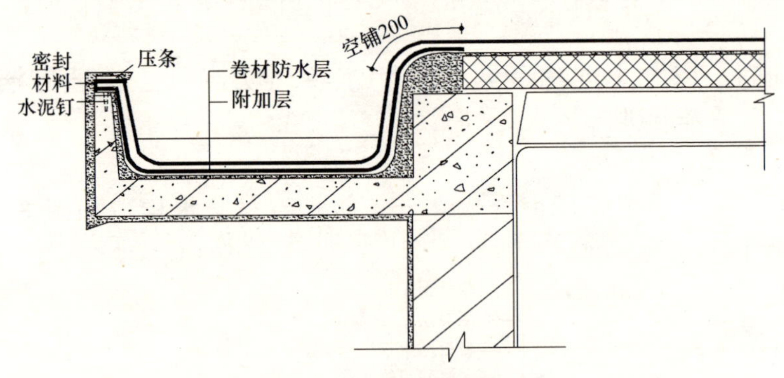

图 3-3　檐沟防水做法

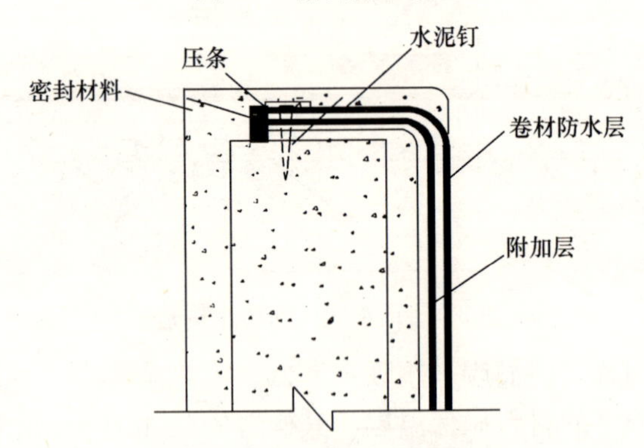

图 3-4　檐沟墙压顶卷材收头

（4）高低跨屋面变形缝防水层，应采取能适应变形要求的固定密封处理，其防水构造如图 3-5 所示。

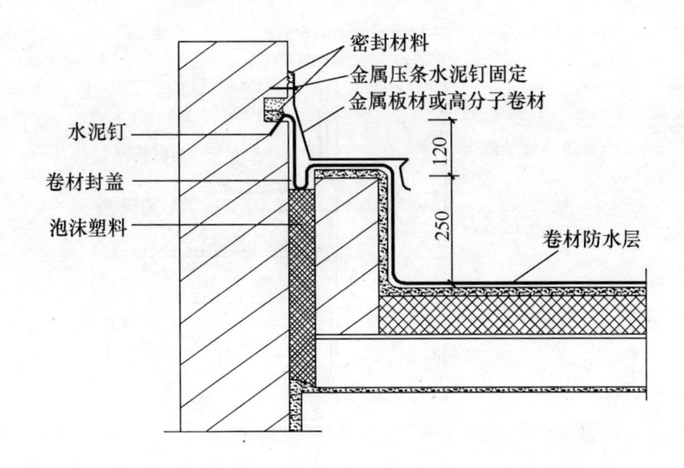

图 3-5　高低跨变形缝防水构造

（5）无组织排水檐口 800mm 范围的卷材应采用满粘法，卷材的收头应固定密封，其防水构造如图 3-6 所示。

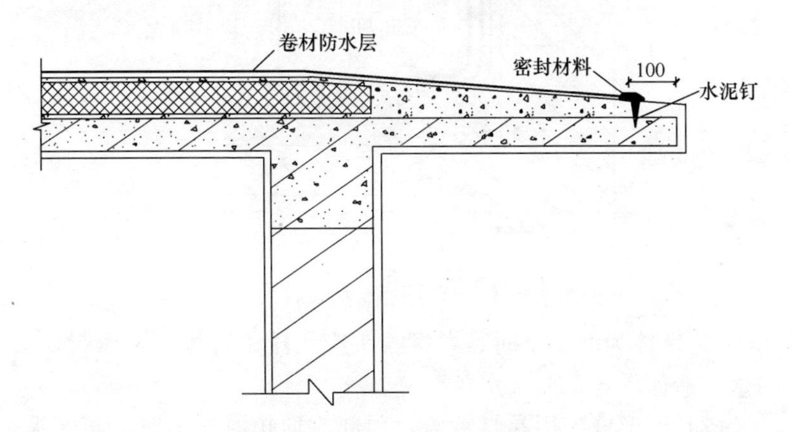

图 3-6　无组织排水檐口防水构造

（6）泛水的防水构造应符合下列规定：

1）墙体为砖墙时，卷材收头可直接铺至女儿墙压顶下固定密封，压顶应做防水处理，其防水构造如图 3-7 所示；卷材收头也可压入凹槽内固定密封，其防水构造如图 3-8 所示。

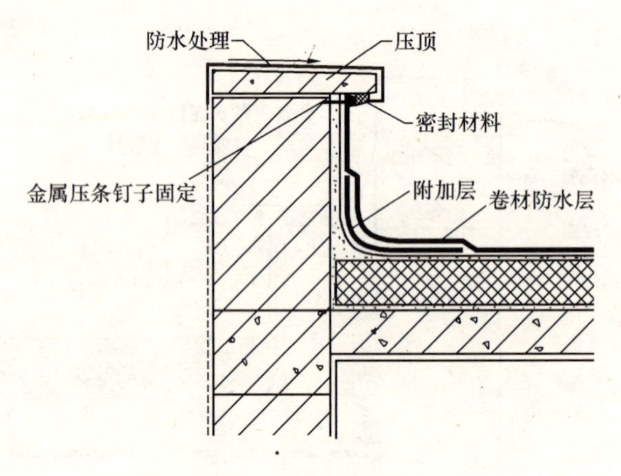

图 3-7　卷材泛水收头

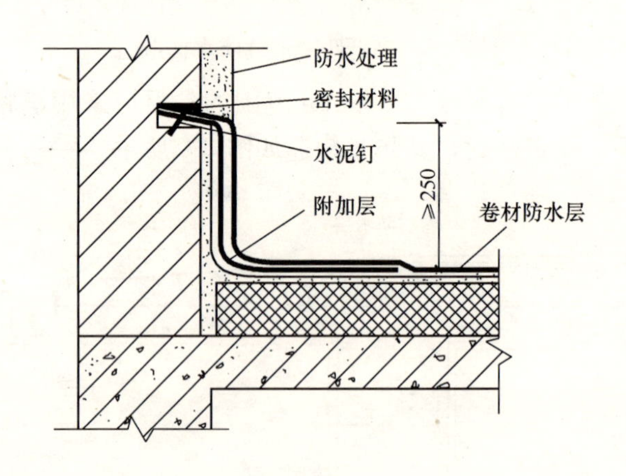

图 3-8　砖墙卷材泛水收头

2）墙体为混凝土时，卷材收头应用压条钉压固定密封，其防水构造如图 3-9 所示。

（7）变形缝应用卷材封盖，顶部应加扣混凝土或金属盖板，其防水构造如图 3-10 所示。

（8）水落口与基层接触处应留凹槽，凹槽内应用密封材料封闭，铺贴的卷材应伸入水落口内 50mm，其防水构造如图 3-11、图 3-12 所示。

（9）伸出屋面管道周围应用水泥砂浆抹成圆锥台，在管道周

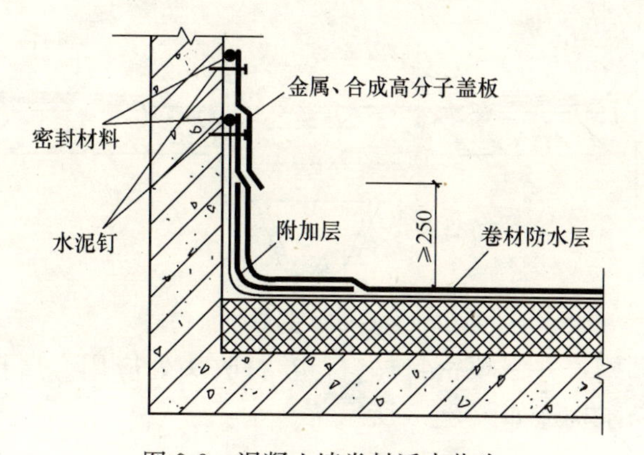

图 3-9　混凝土墙卷材泛水收头

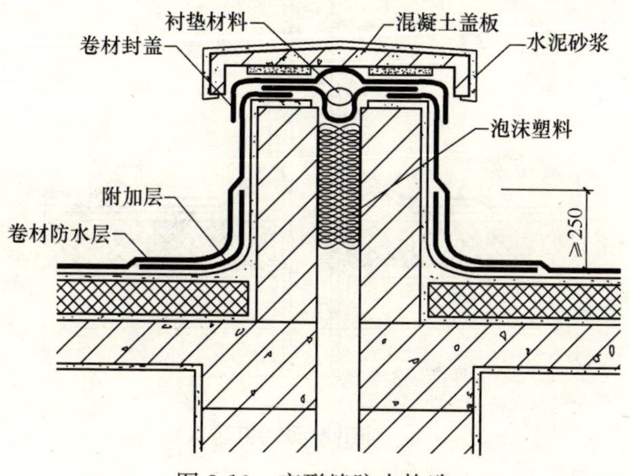

图 3-10　变形缝防水构造

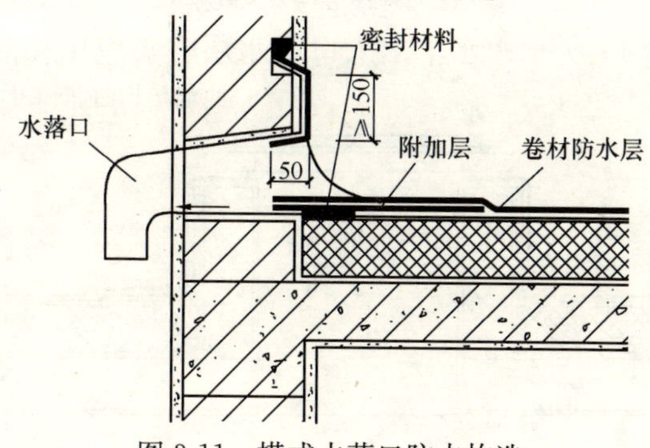

图 3-11　横式水落口防水构造

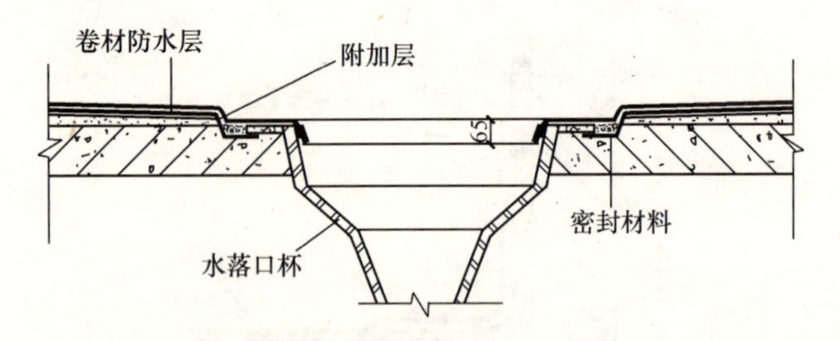

图 3-12　直式水落口防水构造

圈预留凹槽，并嵌填密封材料，卷材收头处应用金属箍固定密封，其防水构造如图 3-13 所示。

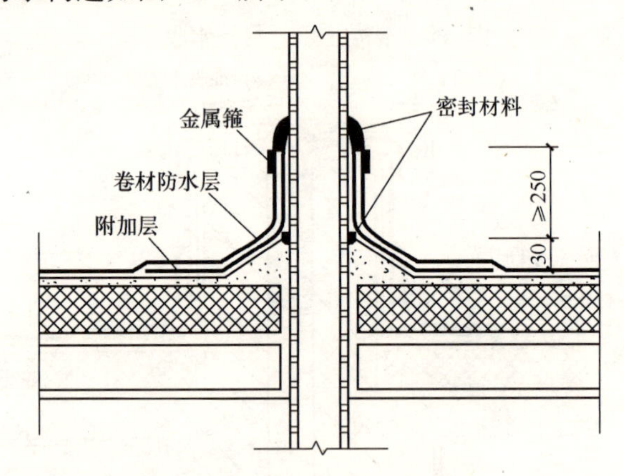

图 3-13　伸出屋面管道防水构造

（10）屋面垂直出入口防水层收头应压在压顶圈下，其防水构造如图 3-14 所示；水平出入口防水层收头应压在混凝土踏步

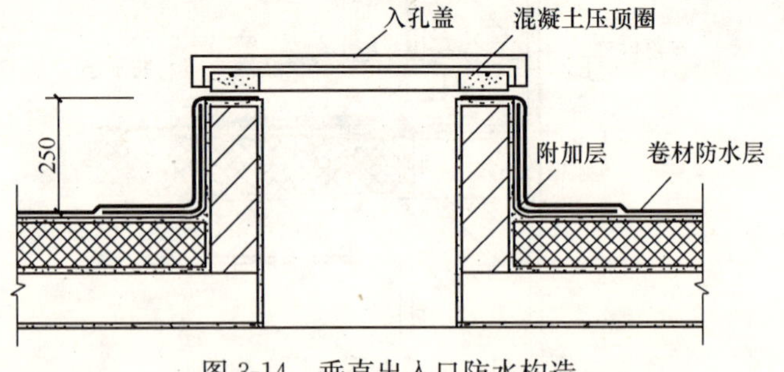

图 3-14　垂直出入口防水构造

下，防水层的泛水应设护墙，其防水构造如图 3-15 所示。

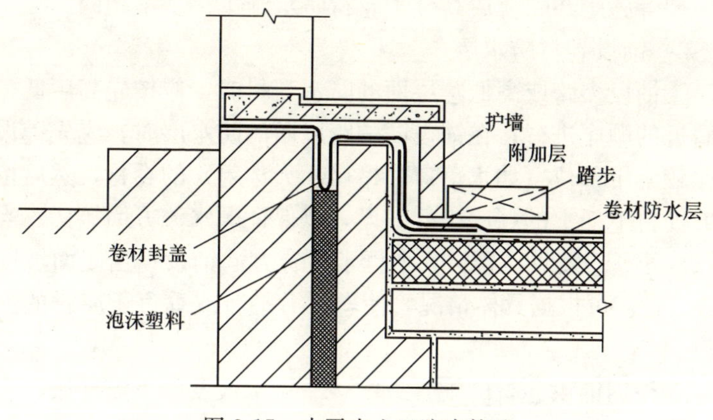

图 3-15　水平出入口防水构造

3-12　屋面工程合成高分子卷材防水施工有哪些要求?

材料及施工机具参见“二、地下室防水工程”。

1. 施工条件准备

（1）各种合成高分子防水卷材以及辅助材料运进施工现场后，应存放在远离火源和干燥的室内。因为基层处理剂、胶黏剂和着色剂等均属易燃物质，存放这些材料的仓库和施工现场都必须严禁烟火。

（2）各种防水材料和辅助材料以及施工机具等搬运到需要做防水层的屋面后，应分类存放在对施工暂无影响的地方，如在施工开始阶段，则应存放在屋面的上坡部位（如屋脊等），当下坡部位铺设完卷材防水层并要在上坡部位进行铺设防水层作业时，所有材料及机具均应转移到下坡部位存放，但勿损坏已施工的防水层。

（3）施工环境：下雨和预期要下雨或雨后基层未干燥时，不宜进行铺设卷材防水层的施工。

2. 施工要点

（1）单层外露防水施工法

1）涂布基层处理剂、复杂部位的附加增强处理、涂布基层胶粘剂等施工与“合成高分子卷材防水施工”基本相同。

2）铺设卷材防水层

①铺设多跨或高低跨层面的防水卷材时，应按先高后低、先远后近的顺序进行；在铺设同一跨屋面的防水层时，应先铺设排水比较集中部位（如水落口、檐口、天沟等）的卷材，然后按排水坡度自下而上的顺序进行铺设，以保证顺水流方向接槎。当屋面坡度小于3%时，卷材宜平行于屋脊方向铺设；当屋面坡度大于3%时，可根据具体情况，使卷材沿平行或垂直于屋脊的方向铺设。

②根据铺设卷材的配置方案，从流水坡度的下坡开始弹出基准线，使卷材的长方向与流水坡度成垂直。

③与卷材的铺设工艺“合成高分子卷材防水施工”的相应部分相同。

④卷材的搭接缝边缘以及末端收头部位，必须采用金属压条钉压，再用密封材料进行密封处理。

⑤在深色合成高分子卷材防水层铺设完毕，经过认真检查验收合格后，将卷材防水层表面的尘土杂物等彻底清扫干净，再用长把滚刷均匀涂布专用的浅色涂料作保护层。

（2）涂膜与合成高分子卷材复合防水施工法

对防水工程质量要求高的屋面，最好采用涂膜与合成高分子卷材复合防水施工法。这是因为涂膜容易形成连续、弹性、无缝、整体的防水层，但涂膜的厚度很难做到均匀一致；卷材是由工厂加工制成的，其厚度容易做到基本一致，但有接缝，且在变截面、水落口、管子根等处施工，较难形成粘结牢固、封闭严密和整体的防水层。而涂膜与合成高分子卷材复合施工，则可做到扬长避短、优势互补，共同组成质量更为可靠的复合防水层。

1）涂膜与合成高分子卷材复合防水层的构造参见图3-1（卷材防水层之下应多一个涂膜层）。

2）涂膜防水层的施工方法与“地下室工程涂膜防水施工”相同。

3）铺设合成高分子卷材防水层的施工方法与“地下室工程合成高分子卷材防水施工”相同。

（3）有刚性保护层的防水施工法

1）防水构造。有刚性保护层的合成高分子卷材防水屋面的构造如图3-1所示。

2）铺设合成高分子卷材防水层的施工方法与“地下室工程合成高分子卷材防水施工”相同。

对有重物覆盖的卷材防水层，应优先选用空铺法、点粘法或条粘法进行防水层的施工，它与单层外露满粘结施工法的主要区别是：铺贴卷材时，采用卷材与基层不粘结、点状粘结或条状粘结的施工方法，但卷材的接缝部位以及卷材与屋面周边800mm范围内必须满粘法；卷材接缝的边缘和卷材末端收头部位必须粘结牢固，并用密封材料封闭，使其形成一个整体的卷材防水层。

3）在卷材防水层铺设完毕并经检查验收合格后即可选用纸筋灰、麻刀灰、低强度等级的石灰砂浆或干铺卷材等做隔离层，使刚性保护层与卷材防水层之间起到完全隔离的作用。

4）刚性保护层施工。在隔离层上可以按设计要求抹水泥砂浆、浇筑细石混凝土或铺砌块体材料作刚性保护层。用水泥砂浆做保护层时，表面应抹平压光，并应设置表面分格缝，其分格面积宜为$1m^2$；用细石混凝土做保护层时，混凝土应振捣密实，表面抹平压光，并留置分格缝，分格缝的纵横间距不宜大于6m。同时要求刚性保护层与女儿墙之间必须预留宽度为30mm的间隙，并嵌填密封材料封闭严密。

3. 高分子卷材屋面防水工程质量的检查及验收

（1）高分子卷材屋面防水工程竣工检查验收时，必须提供卷材和各种胶粘剂主要技术性能的测试报告或其他有关质量的证明文件。

（2）屋面不应有积水或渗漏水的现象存在，检查积水或渗漏水一般可在雨后进行，也可以选点用浇水或蓄水的方法进行。

（3）卷材与卷材的搭接缝和水落口周围以及突出屋面结构的卷材末端收头部位，必须粘结固定牢固，封闭严密。不允许有皱折、翘边、脱层或滑移等缺陷存在。

（4）着色饰面保护涂料与卷材之间应粘结牢固，覆盖严密，颜色要均匀一致，不得有漏底和龟裂、脱皮等现象。

（5）有刚性保护层的上人屋面，保护层与卷材防水层之间必须设置隔离层。

4. 成品保护

（1）施工人员要认真保护好已做好的卷材防水层，严防施工机具和建筑材料损坏防水层。

（2）施工中，必须严格避免基层处理剂、各种胶粘剂和着色剂等材料污染已做好饰面的墙壁、檐口和门窗等部位。

5. 施工注意事项

（1）施工现场和存放材料的仓库，必须严禁烟火，并要配备干粉灭火器等消防器材。

（2）在大坡度的屋面以及挑檐等危险部位进行防水施工作业时，操作人员必须佩戴安全带。

（3）施工过程中以及完成施工的非上人屋面，不允许穿钉子鞋的人员踩踏卷材防水层。

（4）每次用完的施工机具，必须及时用有机溶剂清洗干净，以便重复应用。

3-13 目前在屋面防水工程中采用的新型高分子防水卷材有哪些？

新型高分子防水卷材有宽幅三元乙丙橡胶防水卷材、聚乙烯丙纶复合防水卷材、改性三元乙丙（TPV）防水卷材、TPO自粘耐根穿刺防水卷材等。

3-14 宽幅三元乙丙橡胶防水卷材有哪些特点？

1. 安装简单快捷

宽幅三元乙丙卷材幅宽可达15m，幅长可达61m，可有效减少现场搭接，从而缩短了施工时间。

2. 耐候性和耐久性优异

宽幅三元乙丙卷材完全硫化，主要成分是三元乙丙聚合物和炭黑。具有优越的抗臭氧、抗紫外线辐射以及抗老化性。同时，因为不含增塑剂和阻燃添加剂，其物理性能可长时间保持稳定。

3. 弹性和延伸率高

即使是在－45℃的环境下，三元乙丙卷材依然能够保持相当高的弹性，延伸率能够超过300％，可以适应建筑结构的位移和温度的变化。

4. 生命周期成本低

宽幅三元乙丙卷材基本不需要维护，具有很低的生命周期成本。

3-15 宽幅三元乙丙橡胶防水卷材施工需用哪些配套材料？其施工工艺是什么？

宽幅三元乙丙卷材防水施工方法主要有满粘法、空铺法和机械固定法。满粘法、空铺法施工前面已有介绍，这里主要介绍金属屋面宽幅三元乙丙卷材机械固定施工方法。

1. 主材

宽幅三元乙丙橡胶防水卷材，主要规格为：厚1.14mm，宽3.05m，长30.5m。

2. 主要配套材料

(1) 搭接带（76mm）：是由三元乙丙/丁基橡胶混合制成的自粘胶带，它在施工完成后可自然硫化，在接缝部位形成均匀的粘结厚度。

（2）搭接底涂：是一种高固含量底涂，用于清洗和处理三元乙丙橡胶卷材的搭接部位。

（3）自硫化泛水（229mm）：用于对阴角、阳角以及屋面穿孔部位进行泛水处理。

（4）基层胶粘剂：是一种氯丁橡胶基的压合式胶粘剂，用于三元乙丙橡胶和自硫化泛水片材与混凝土、金属、砖石等基面的粘结。

（5）外密封膏：是一种以三元乙丙橡胶为基料制成的密封膏，主要用于暴露接缝的边缘以及细部构造部位的密封处理。

（6）止水密封膏：是一种以丁基橡胶为基料制成的密封膏，主要用于压缩部位的闭水密封，例如在屋顶排水管的下面，或者是收头部位的后面。

（7）紧固件：用于把板条、接缝板和保温板固定到基面上。

（8）收头压条，金属泛水及螺钉：用于固定和密封女儿墙或者立面上的泛水收头。

3. 施工工艺

（1）天沟　用三元乙丙卷材与屋面进行满粘，卷材两端通过搭接带分别与天沟内壁粘结及屋面金属板粘结，波峰端头用自硫化泛水进行处理（图 3-16）。

（2）天窗　在靠近天窗的屋面上先铺设搭接带，之后从搭接带位置向天窗处满粘一层三元乙丙橡胶卷材，在天窗立墙上的窗框位置处收头，收头采用收头压条及内、外密封膏处理（图 3-7）。

（3）风机座　用三元乙丙卷材满粘于基座四周，在基座拐角和卷材与基面边缘处用搭接带收头，在波峰处用自硫化泛水进行处理（图 3-18）。

（4）屋脊节点处理　三元乙丙橡胶卷材在屋脊上满粘铺设，与屋面两边各搭接 150mm，波峰处用自硫化泛水处理。屋面接头处用搭接带处理（图 3-19）。

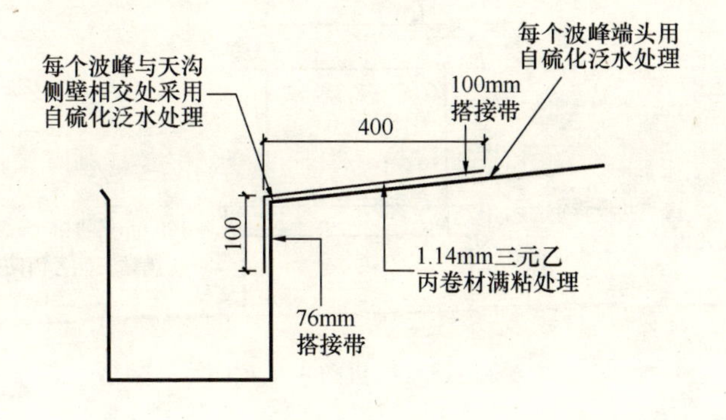

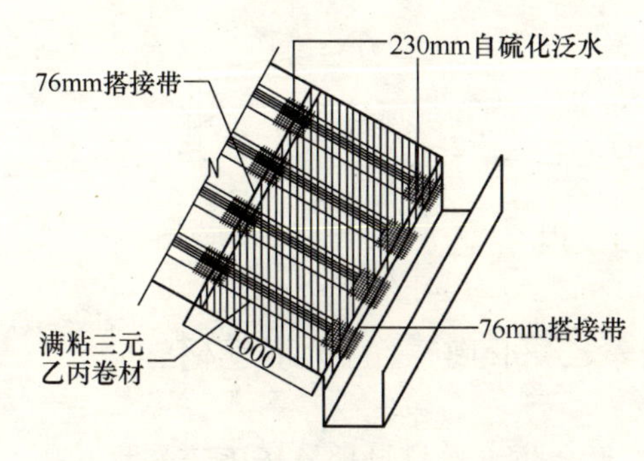

图 3-16　天沟处理方法示意图

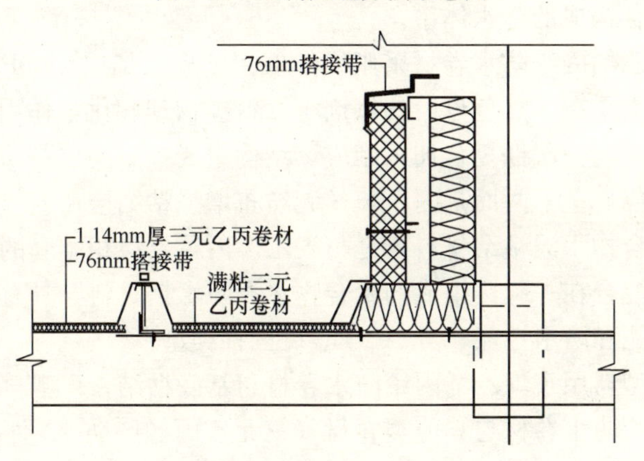

图 3-17　天窗处理方法示意图

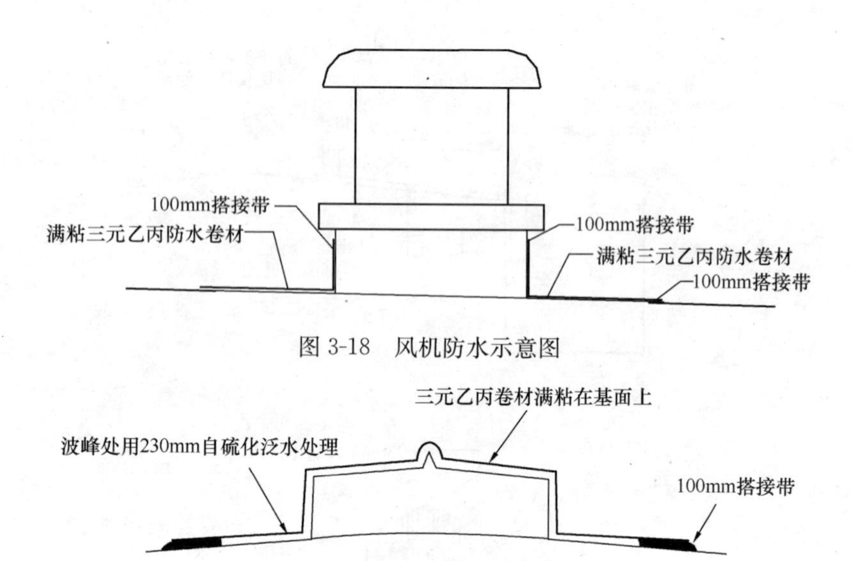

图 3-18　风机防水示意图

图 3-19　屋脊处理方法示意图

3-16　什么是聚乙烯丙纶复合防水卷材?

聚乙烯丙纶复合防水卷材是聚乙烯丙纶卷材与聚合物水泥粘结料复合构成的防水体系。

聚乙烯丙纶防水卷材采用线性低密度聚乙烯（LLDPE)、高强丙纶无纺布、黑色母、抗氧剂等原料经物理和化学作用，由自动化生产线一次性复合加工制成。结构组成：中间层是防水层和防老化层，上下两面是丙纶长丝无纺布增强粘结层。

聚合物水泥粘结材料，是与聚乙燃丙纶卷材相配套的专用胶与水泥混合在一起，组成的聚合物水泥防水粘材料，具有良好的粘结性能和防水性能，分 A、B、C 三种类型：

A 型料用于聚乙烯丙纶防水卷材与基底粘结，B 型料用于聚乙烯丙纶防水卷材与其他类卷材（三元乙丙橡胶防水卷材、SBS 改性沥青防水卷材等）粘结，C 型料用于聚乙烯丙纶防水卷材与塑料管及铁件等粘结。施工中根据不同需要选用不同类型的粘结料。聚合物水泥防水粘结材料物理性能见表3-25所列。

聚合物水泥防水粘结材料物理性能　　表3-25

项目		性能要求
与水泥基面粘结拉伸强度（MPa）	常温7d	≥0.6
	耐水性	≥0.4
	耐冻性	≥0.4
可操作时间（h）		≥2
抗渗性（MPa，7d）		≥1.0
剪切状态下的粘合性（N/mm，常温）	卷材与卷材	≥2.0或卷材断裂
	卷材与基面	≥1.8或卷材断裂

3-17　聚乙烯丙纶复合防水卷材有何特点？

（1）产品无毒无味、无污染、无明火作业、绿色环保、安全可靠。

（2）产品具有很强的抗老化、抗氧化、耐腐蚀、拉力高和抗穿孔性能好的特点，在防水工程中的使用寿命长。

（3）可在潮湿的基层上进行防水施工。

（4）聚乙燃丙纶防水卷材柔韧性好，有随意弯折的特点，可直角施工。

（5）防水基层面不用压光处理，粗糙的基层能施工，施工速度快。

（6）抗穿刺性能强、有限根作用，可用于种植屋面作耐根穿刺防水层。

3-18　聚乙烯丙纶复合防水卷材施工有哪些要求？

（1）检查清理干净，并洒水湿润。

（2）按产品说明书要求配制聚合物水泥粘结材料，计量应准确，搅拌应均匀。

（3）细部构造做附加层或增强处理。

（4）大面积施工时，先将聚合物水泥粘结料涂刮在基层上，粘结料应涂刮均匀，不露底、不堆积，厚度不小于1.3mm。

（5）卷材与基层采用满粘法粘贴，粘结应牢固，粘结面积不应小于90%。

（6）卷材的搭接缝应粘结牢固，封闭严密，并增铺一层100mm宽的聚乙燃丙纶复合防水卷材条进行封口处理。

3-19 什么是改性三元乙丙（TPV）防水卷材？

改性三元乙丙(TPV)防水卷材是以三元乙丙橡胶(EPDM)和聚丙燃树脂（PP）为主要原料，采用动态全硫化的生产技术制造而成的热塑性交联型高弹性体为基料，经挤出压延等工序加工制成的可冷粘、可焊接的防水材料。

TPV防水卷材规格见表3-26所列。

TPV防水卷材规格 **表3-26**

厚度（mm）	1.2，1.5，2.0
宽度（mm）	1500，2000，3000
长度（m）	20（可根据用户需要确定）

3-20 TPV防水卷材的特点有哪些？

（1）环保性。不含有毒物质，从分子结构组成看出只有烯烃类聚合物，不含苯环、杂环和增塑剂以及其他有害物质。

（2）可回收、再利用性。该材料为热塑性弹性体，在加工和使用过程中所产生的边角料和废料均可回收、再生循环利用，不产生建筑垃圾。

（3）焊接性好。属于热塑性材料，具有热熔焊接性，故卷材的接缝不必使用胶粘剂，可直接进行焊接处理，使接缝焊接牢固，封闭严密，保证接缝的可靠性。

（4）耐老化性能好。暴露在紫外线及臭氧状态下，其物理力学性能保持稳定、耐久性和抗老化性能强，使用寿命长。

（5）使用范围广。该材料具有良好的耐热性以及耐寒性，可在−60～135℃的环境下长期使用，所以在我国所有地区都可以使用。

（6）拉伸强度高，扯断伸长率大，对基层伸缩或开裂变形的适应性强。

（7）密度小（0.98g/cm^3），重量轻，柔韧性好，施工简便。

（8）尺寸稳定性好，加热伸缩量很小，变形性小。

（9）优良的耐磨性、抗疲劳性及耐穿刺性，因此可用于地下或屋顶做防水层，也可用做种植屋面的耐根穿刺防水层。

（10）耐油性、耐溶剂性及耐化学药品性能优良。

（11）TPV防水卷材的主要物理性能见表3-27所列。

TPV防水卷材的主要物理性能 **表3-27**

项　目	性能指标
拉伸强度（MPa）	常温，≥8
	60℃，≥3
扯断伸长率（%）	常温，≥500
	−20℃，≥300
撕裂强度（kN/m）	≥60
加热伸缩量（mm）	延伸，<1.5
	收缩，<3
低温弯折	≤−4℃，无裂纹
不透水性	0.3MPa，30min，无渗漏

3-21 TPV防水卷材用于屋面防水工程施工有哪些要求？

1. 施工工艺流程

基层清理→涂刷基层处理剂（空铺时可不涂基层处理剂）→

弹基准线→涂刷胶粘剂（空铺时可不涂刷胶粘剂）→铺贴附加层→铺贴卷材→搭接缝焊接→收头处理→质量检验。

2. 基层清理

基层应干净、干燥。

3. 卷材铺贴

（1）平面卷材铺设时，应处于自然状态，不得拉得太紧，也不能太轻。

（2）立面铺设卷材时，防水高度在300mm以下时，立面与平面形成一体铺设，立面防水高度在300mm以上时，将立面与平面分开铺设。

4. 卷材搭接

卷材搭接缝应用单缝焊接机或双缝焊接机焊接，大面积施工宜用双缝焊接；细部做法宜用单缝焊接机。单缝焊的有效焊接宽度不应小于25mm，双缝焊的有效焊接宽度为10mm×2＋空腔宽度。搭接缝应平整，顺直，不得扭曲、皱折，不得有漏焊、跳焊，焊焦和焊接不牢现象，不得损害非焊接部位的卷材。

5. 密封处理

TPV卷材的收头部位应用压条钉压固定，并用密封材料闭封严密。

6. TPV卷材焊接接缝质量检测方法

（1）压缩空气检测法

将TPV卷材的双焊缝空腔的两端封闭，用带有压力表的注射器往空腔内注入0.1MPa的压缩空气。5～10min后，压力不变则质量合格。

（2）真空检测法

在TPV卷材的焊接缝处涂抹检测液，实施真空检查，不产生气泡为合格。

（3）在焊缝部位切取试样进行拉伸试验，其拉伸强度以大于卷材本体强度或在焊缝外断裂为合格。

3-22 什么是TPO自粘耐根穿刺防水卷材？

TPO自粘耐根穿刺防水卷材，是在丁基橡胶改性沥青制成的自粘胶料中加入一种生物阻根剂，自粘胶具有耐根穿刺功能，将该自粘胶与TPO卷材复合制成TPO自粘耐根穿刺防水卷材。

当植物的根须在生长中接触到耐根穿刺的自粘料时，植物的根须就会改变生长的方向，向着没有耐根穿刺的自粘胶料的方向生长，从而保证了耐根穿刺防水层不受植物根须的侵害，而植物本身的生长也不受任何影响。

3-23 TPO自粘耐根穿刺防水卷材用于种植屋面的施工要点有哪些？

1. 材料准备

材料选用2.7mm厚TPO自粘耐根穿刺防水卷材，其中TPO卷材层厚1.2mm，自粘层厚1.5mm；附加层选用1.5mm厚无胎双面自粘卷材；基层处理采用配套专用基层处理剂。

2. 工具的准备

自动热风焊机、手提热风焊机、手提缝纫机、专用轧辊、笤帚、高压吹风机、铲刀、小抹子、毛刷等防水施工用具。

3. 防水基层要求

基面表面应平整、坚实、清洁、干燥，并不得有空鼓、起砂和开裂等缺陷。铺贴卷材的找平层在阴阳角处应做成圆弧。

4. 施工顺序

种植屋面TPO自粘耐根穿刺卷材防水施工顺序见表3-28所列。

5. 施工方法

（1）涂刷基层处理剂：将基层处理剂搅匀，均匀地涂刷在基面上，当基面上的基层处理剂不粘手时即可铺贴卷材。

种植屋面防水施工顺序　　表 3-28

工　序	材　料	要　求
清理基层	—	平整、坚实、干净、干燥，坡度符合要求
涂刮基层处理剂	基层处理剂	均匀、完整
细部构造处理	双面 TPO 自粘耐根穿刺防水卷材（TPO 厚 1.2mm，粘结料厚 1.5mm）	满粘施工，粘贴牢固、密实
铺设耐根穿刺防水层	TPO 自粘耐根穿刺防水卷材（TPO 厚 1.2mm，粘结料厚 1.5mm）	从低处做起，卷材自粘层搭接 80mm，自粘法冷施工。TPO 高分子层搭接宽度 80mm，用热风焊机焊接宽度 25mm，使整个 TPO 防水层连成一个整体
铺抹保护层	1∶3 水泥砂浆	结实、平整，厚度 25mm
铺设排（蓄）水层	排（蓄）水塑料板	搭接 80mm
铺设过滤层	250g/m² 土工布	搭接宽度 100mm，手提缝纫机缝合
铺土	种植土	土质松软、经济环保、适合植物生长，厚度 500mm

(2) 弹线定位：根据施工位置确定卷材的铺贴方向，在基面上用弹出的基准线控制卷材的铺贴，大面卷材应自然平整地沿基准线铺贴在基层上。

(3) 卷材铺贴：卷材的自粘面朝下与基面粘贴，上面 TPO 层采用热风焊接。把对准基准线的卷材卷起，然后用裁纸刀将隔离膜轻轻划开，卷材展开的同时撕开下表面隔离膜，而压辊曲卷材中间向两边滚压，排尽卷材下面的空气使卷材与基层粘结牢固。

（4）控制搭接宽度：TPO 自粘卷材的搭接宽度长短边均为 80mm，热风焊接宽度为 25mm，操作中按搭接宽度摆正卷材，进行铺贴，接缝用压辊用力压实，以确保防水卷材之间粘结牢固。

TPO 自粘卷材的接缝处理如图 3-20、图 3-21 所示。

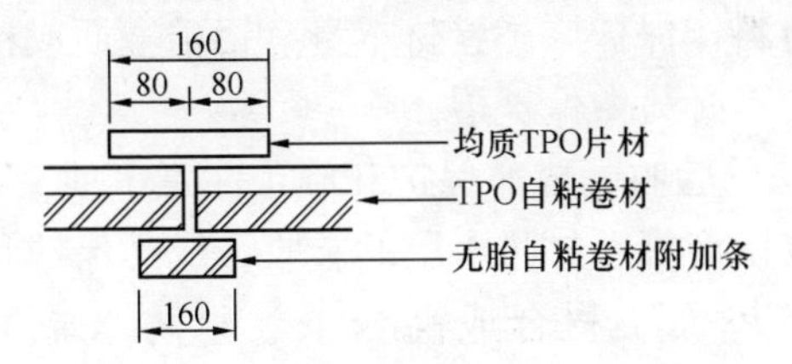

图 3-20　TPO 自粘卷材短边接缝处理

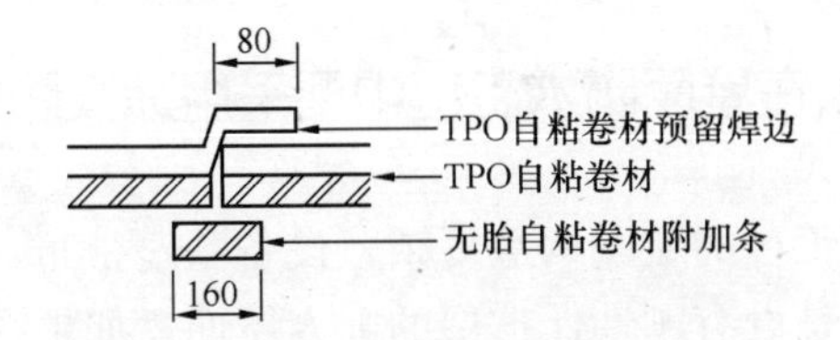

图 3-21　TPO 自粘卷材长边接缝处理

3-24　采用高聚物改性沥青卷材进行屋面工程防水施工有哪些要求？

1. 材料及施工机具

各种高聚物改性沥青防水卷材、辅助材料以及施工机具等参见本书“地下室工程高聚物改性沥青卷材防水施工”部分。

2. 对基层的要求及处理

对基层的要求及处理参见本书“屋面防水层施工对基层有何要求”部分。

3. 施工要求

施工要点参见本书“地下室工程高聚物改性沥青卷材防水施工”部分。

4. 保护层的施工

为了反射能量和延长改性沥青卷材防水层的使用寿命，在防水层铺设完比，经清扫干净和质检部门检查验收合格后，即可在防水层的表面采用边涂刷改性沥青胶粘剂，边撒铺膨胀蛭石粉或云母粉作保护层，也可以涂刷银色或绿色的专用涂料或铺设水泥方砖等块体材料作保护层。卷材本身有铝箔覆面或粘结板岩片覆面的防水层，不必另做保护层。

5. 防水层的验收、成品保护和施工注意事项

高聚物改性沥青卷材防水层的验收、成品保护和施工注意事项参见本书“屋面工程合成高分子卷材防水施工构造做法”部分。

3-25 为什么在屋面防水工程中要采用涂膜防水施工?

有的建筑工程的屋面构造复杂，设备基座密布，基层转角部位多，而且都是设有刚性保护层的上人屋面，如果继续沿用各种卷材防水做法，不但施工困难，而且接缝和卷材的末端收头密封处理十分不便，防水工程质量也不易保证。由于涂膜防水材料在施工固化前是一种不定型的黏稠状的液态物质，它对于任何形状复杂、管道纵横的基层以及阴阳角、水落口、管子根等部位都容易施工，便于进行防水层的收头密封处理，并能形成一个没有接缝和具有弹性的整体防水涂层，防水工程质量可靠，可在同类型的屋面防水工程中施工应用。

3-26 屋面工程涂膜防水细部构造有哪些规定?

（1）天沟、檐沟应增设夹铺胎体增强材料的附加层，天沟、檐沟与屋面交接处的附加层宜空铺，其防水构造如图3-22所示。

（2）高低跨屋面防水层与立墙交接处的变形缝，应增设夹铺

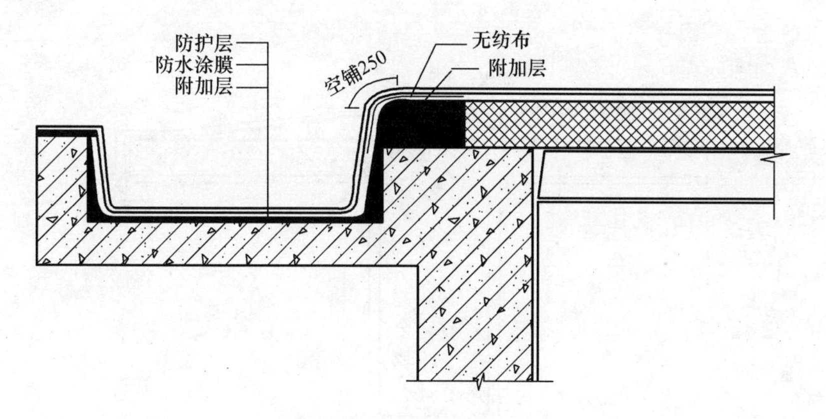

图 3-22 檐沟防水做法

胎体增强材料的附加层，缝中嵌填密封材料，并采取能适应变形的覆盖处理，其防水构造如图 3-23 所示。

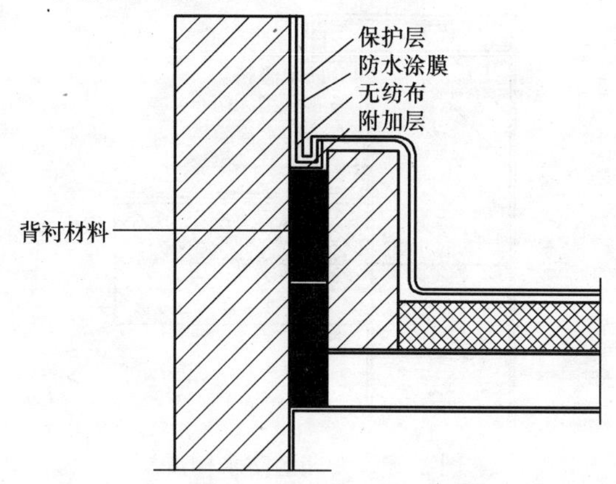

图 3-23 高低跨变形缝防水构造

（3）无组织排水檐口防水涂膜应涂刷至檐口的滴水线，其防水构造如图 3-24 所示。

（4）女儿墙的涂膜防水层应做至压顶，其防水构造如图 3-25 所示。

（5）变形缝应增设夹铺胎体增强材料的附加层，缝中嵌填密封材料，预部应加扣混凝土或金属盖板，其防水构造如图 3-26

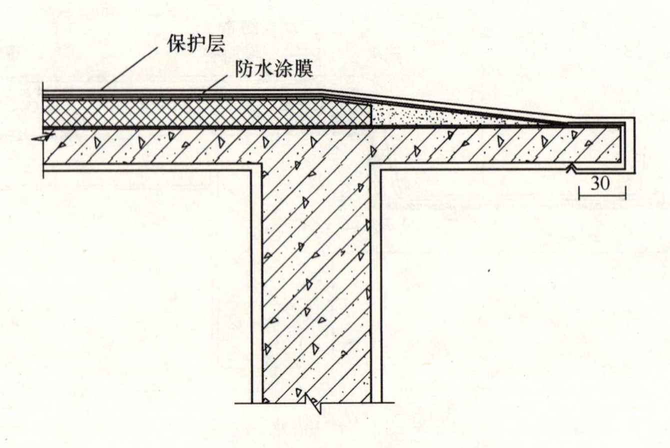

图 3-24　无组织排水檐口防水构造

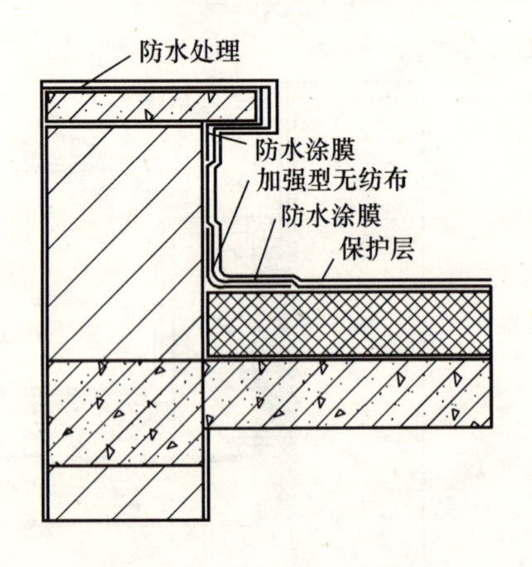

图 3-25　女儿墙防水构造

所示。

（6）水落口与基层接触处应设置凹槽，凹槽内嵌填密封材料封闭。涂膜防水层应伸入水落口内 50mm，其防水构造如图 3-27、图 3-28 所示。

（7）伸出屋面管道根部的周边应抹成圆锥台，涂膜防水层上返高度不应小于 250mm，其防水构造如图 3-29 所示。

（8）屋面出入口防水构造，如图 3-30、图 3-31 所示。

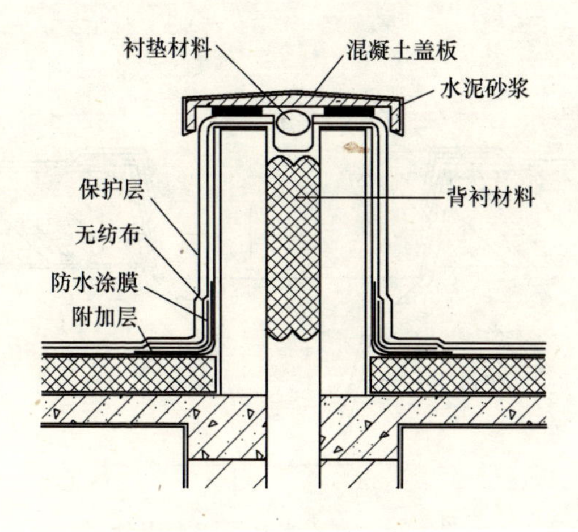

图 3-26　变形缝防水构造

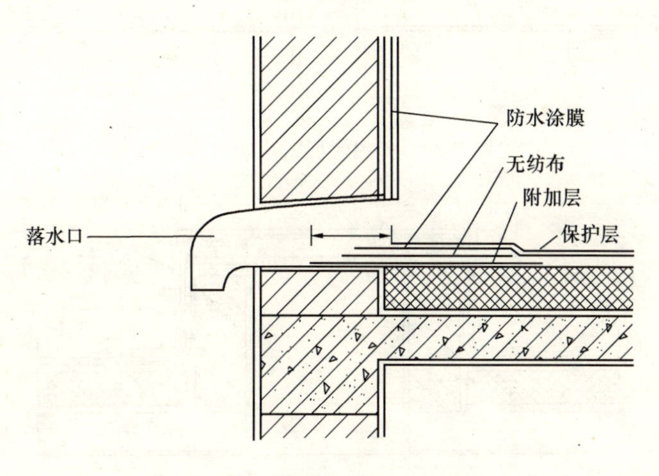

图 3-27　横式水落口防水构造

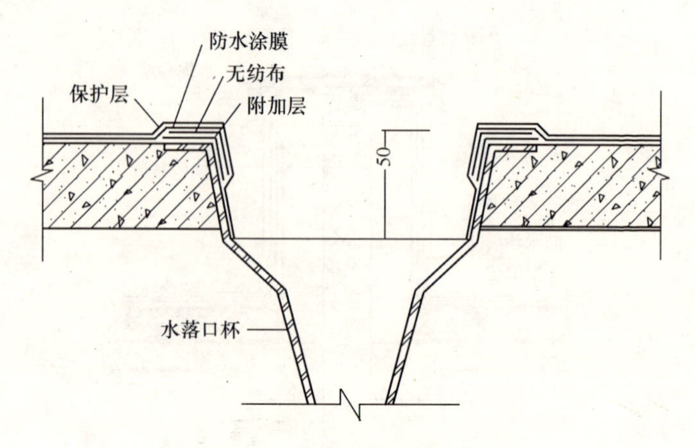

图 3-28　直式水落口防水构造

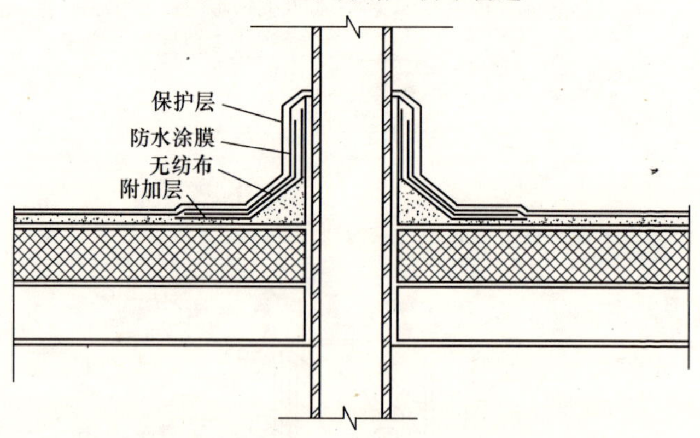

图 3-29　伸出屋面管道防水构造

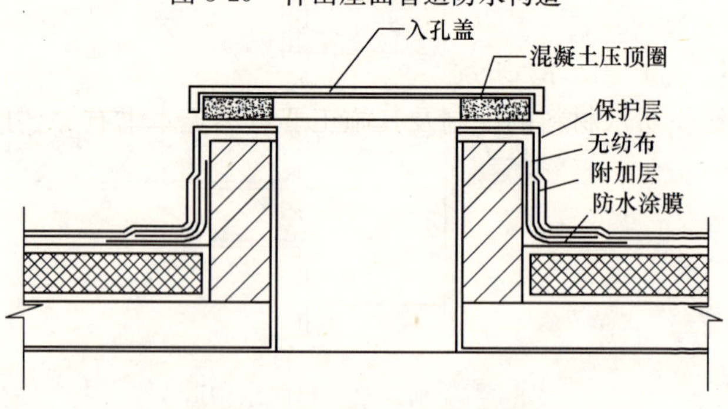

图 3-30　垂直出入口防水构造

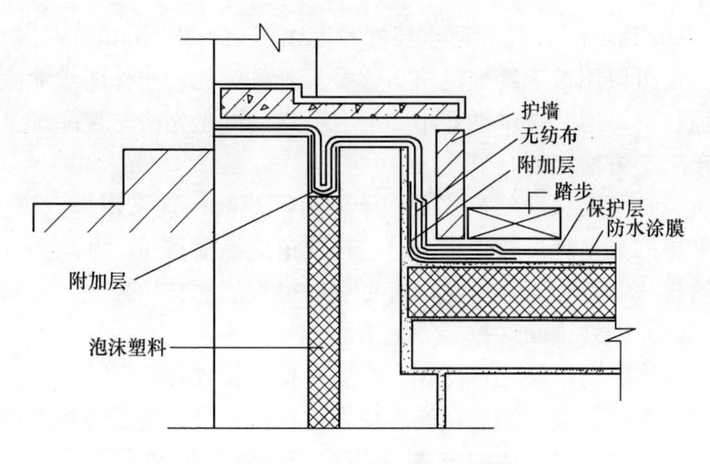

图 3-31　水平出入口防水构造

3-27　屋面工程涂膜防水施工有哪些要求?

1. 材料及施工机具

涂膜防水材料的技术性能及其施工参见本书有关“地下室工程涂膜防水施工”部分。

2. 对基屋的要求及处理

对基层的要求及处理参见本书有关“屋面防水层施工对基层有何要求”部分。

3. 施工要点

(1) 涂膜防水层的施工

涂膜防水材料的配制及其施工要点参见本书有关“地下室工程涂膜防水施工”部分。

如果按照设计或建设方要求，须采用聚酯纤维无纺布进行增强处理时，应在涂布第二遍涂料后，及时满铺聚酯纤维无纺布，要求铺贴平整，滚压密实，不应有空鼓和皱折现象，无纺布之间的搭接宽度为 50～80mm，在铺完无纺布后要干燥固化 4h 以上，才能在无纺布表面上涂布第三遍、第四遍涂料。每遍涂布量为

0.6～0.7kg/m^2，涂膜防水层的厚度以不小于2.0mm为宜。

也可以用玻璃纤维网格布代替聚酯纤维无纺布作防水涂膜的增强材料，但其技术性能不如前者。它的施工方法与聚酯纤维无纺布施工方法相同。

（2）屋面保温层及找平层干燥有困难时，宜采用排汽屋面，找平层的分格缝可兼作排汽道，排汽道应纵横贯通，并与大气连通的排汽弯管相通，排汽弯管可设在排汽道的交叉处。

（3）刚性饰面保护层的施工

在涂膜防水层完全固化，经质量检查验收合格后，即可按照设计要求铺设隔离层后，铺砌块体材料保护层。施工时要求铺砌平整，横平竖直，砖缝的宽度要均匀一致，粘结牢固，无空鼓现象。

（4）涂膜防水层的质量要求、成品保护和施工注意事项，参见本书有关“地下室工程涂膜防水施工”部分。

3-28 用于屋面工程防水施工的新型防水涂料是哪几种？

喷涂速凝橡胶沥青防水涂料和聚脲防水涂料。

3-29 喷涂速凝橡胶沥青防水涂料施工有哪些要求？

喷涂速凝橡胶沥青防水涂料在屋面防水工程中，既可独立做防水层，也可以用做多道设防中的一道防水层。单独设防时，涂膜厚度应不小于2mm，复合防水时，涂膜的厚度应不小于1.5mm。喷涂速凝橡胶沥青防水涂料在屋面防水工程中的施工做法与本书“地下室工程喷涂速凝橡胶沥青防水涂料”相关内容相同。

3-30 聚脲防水涂料施工有哪些要求？

聚脲材料分为喷涂型双组分聚脲涂料和涂刷型单组分涂料。

1. 喷涂型双组分聚脲施工

(1) 产品特点：本品为A、B组分，A组分为异氰酸酯组合物，B组分为氨基类化合物的混合物。两个组分经专用设备加热、高压对撞混合喷出，很快形成一层弹性厚质涂膜。

(2) 聚脲防水涂料主要性能指标应符合表3-29的要求。

SJK909聚脲防水涂料主要性能　　表3-29

项　目		性能指标
配合比（A∶B）		1∶1
凝胶时间（s）		10～30
表干时间（min）		0.5～2
固体含量（%）		>99
拉伸强度（MPa）		18～25
断裂伸长率（%）		480
撕裂强度（N/mm）		58
邵氏硬度（邵氏A）		83
吸水率（%）		<3
粘结强度（MPa）	钢板/带底涂剂	6
	砂浆/带底涂剂	3.1
	潮湿混凝土/带专用底涂剂	2.9
抗稀酸、碱、盐		良好
长期耐水浸泡		良好
耐热性（120℃）		良好
主要用途		防水

(3) 使用机具

1) 专用双组分喷涂机和配套压缩干燥空气源；

2) 刮刀、剪刀、毛刷、滚筒、保护胶带和保护膜。

(4) 基层质量要求

1) 基层表面应坚实，不得有疏松、起砂、起壳、蜂窝、麻面、孔洞等缺陷。

2）表面应平整，略显粗糙，不得有凹凸不平缺陷。

3）基面清洁，不得有浮尘、油污。

4）阴角为钝角，阳角为圆弧，半径不小于5mm。

5）基层应干燥。

（5）涂刷底涂剂

基层处理验收合格后，进行涂刷底涂剂施工。将底涂剂充分搅拌均匀，采用喷涂或辊涂方式，涂覆在基层表面，其覆盖率为100%。

喷涂聚脲前，将需要保护部位遮盖严密。

（6）喷涂聚脲施工

底涂作业完成，基面干燥后即可进行喷涂聚脲防水层施工。喷涂分3～4遍完成，第一遍喷涂后，对基面孔、洞、缝隙采用聚氨酯或环氧腻子修补、找平，打磨光滑后分别喷涂第二遍、第三遍、第四遍聚脲，直至厚度达到设计要求。

对于细部构造如搭接区域、边缘、泛水、管根、天沟、阴角、阳角等异型区域可使用单组分聚脲手工涂刷。

（7）质量要求

1）聚脲喷涂应均匀连续、无漏涂、开裂、剥落、划伤等缺陷。

2）厚度应达到设计要求。

（8）注意事项

1）基层无底涂剂的情况下不得施工。

2）环境湿度高于90%以上、基层温度低于露点温度3℃以下、4级风或雨天、雪天条件下不得施工。

3）施工现场严禁烟火。

4）施工时应戴手套、眼罩、过滤性口罩、防护服和面具，避免接触眼睛和皮肤。接触皮肤应用干净布条擦去，并用丁酮擦洗，然后用清水清洗。接触眼睛就立即用布条擦去，并用大量清水冲洗，还要去医院处置。不得将涂料弃置于下水道，要置于儿童不能接触的地方。

2. 涂刷型单组分聚脲防水涂料施工

单组分聚脲是一种黏稠状液体材料，应密封贮存，一旦遇到空气则发生化学交联而固化。固化后形成一种具有高强度、高粘结性、高柔性的聚脲弹性橡胶膜，可直接暴露于空气中使用，无须保护层。

（1）单组分聚脲防水涂料的主要性能指标应符合表3-30的要求。

SJK580单组分聚脲防水涂料的性能指标　　表3-30

项　目	性能指标
黏度（cps）	3000～10000
表干时间（h）	1.0～3.0
密度（g/cm³）	1.0±0.1
实干时间（h）	6～24
拉伸强度（MPa）	>8
断裂伸长率（%）	>500
低温柔性（℃）	－40
不透水性（0.3MPa，30min）	不透水
抗紫外线	良好
耐酸、碱、盐	良好
固化后使用温度	－40～＋100℃

（2）单组分聚脲施工

1）基层处理：基层处理是非常重要的。对于混凝土基层，先检查其含水率、表面坚固程度、平整度、排水坡度。疏松的部分，应用砂磨机或摩擦材料去掉。对于有孔洞或表面十分粗糙部位，应用环氧树脂加固化剂并与细砂调拌成浆，将孔洞或粗糙部分填补找平。使表面保持平整、坚实，并符合排水坡度要求。

金属表面应做除锈处理后，再涂布防锈漆或底涂剂。塑料表面有油脂、隔离剂，应用丁酮等溶剂去除表面油脂和隔离剂，对于表面有石蜡的工程塑料，应用机械方法磨去表面层石蜡。

2）施工工具：硬质毛刷、刮板、滚筒 SJK0020、消泡滚筒 SJK0010。

工具用完时，应用丁酮或环己烷或 120 号溶剂油清洗。不可用乙醇（酒精）清洗。

3）涂刷底涂剂：混凝土表面经基层处理后，选用合适的底涂剂涂布，将底涂剂充分搅拌均匀，采用喷涂或辊涂方式，涂覆在基层表面，覆盖率为 100%。

4）细部处理

① 对于女儿墙阴角，应用无纺布蘸取单组分聚脲液体粘贴，再在无纺布上涂布聚脲。

② 对于管根应用无纺布做加强处理，并用聚脲粘贴。

③ 对于落水口，先用无纺布一半剪成条状，然后将无纺布粘贴于落水口内，条状无纺布沿周边粘贴，并用无纺布在落水口周边进行加强处理。

5）聚脲涂布

① 水平面：底涂剂干燥后，应直接在其上涂布单组分聚脲。对于水平面（或小于 5%坡度的坡面），可直接将聚脲倒于地面，倒于地面前，应计算面积所需聚脲的用量，最好按每桶涂布多少面积划出将要涂布区域，然后将数量与面积相对应。将单组分聚脲倒于地面时，应倒成弧线状，然后将涂料用带定位高度（如 1mm，1.5mm，2mm）的齿形刮板刮平、刮匀。横向和纵向都要刮到，聚脲将会自动流平，也可使用硬质毛刷涂布或专用滚筒在液面上反复来回滚动，纵向和横向交叉两遍，以使空气泡排尽。施工人员站立于未施工区。在未固化前（约 12h 前），人员不可在单组分聚脲不踩踏，但确需进入聚脲液体状的区域，则应穿上钉鞋 SJK0030 进入未固化区域。因单组分聚脲未固化，液体可自动流平愈合鞋钉孔眼。即将固化，或刚刚半固化，禁止穿钉鞋踩踏，应穿平底、塑料鞋或者在鞋底套上 PE 防粘鞋套。

② 垂直面施工：垂直面施工时，应选用非下垂型（即触变型）单组分聚脲。用特制滚筒、硬质毛刷或刮板将单组分聚脲涂

布到立面墙上（坡度大于 5％的坡面）。一次涂布厚度不应大于 1mm，涂布两遍，即可达到设计厚度。

6）注意事项

① 下雨天下雪天、风力超过 5 级天气、气温低于＋5℃环境或超过 40℃环境下不得施工。

② 正在涂布过程突然下雨，如表面出现麻点，待天晴后应用涂料修补、覆盖，如表面出现凹凸不平，应重新涂布。已经表干后下雨，雨水不会影响其质量。

③ 施工现场应严禁烟火。

④ 施工时应戴手套，避免涂料接触眼睛和皮肤。不得将涂料弃置于下水道，要置于儿童不能接触的地方。

四、厕浴间工程防水

4-1 为什么厕浴间工程要采用涂膜防水?

建筑工程中的厕浴间，一般都具有穿过楼地面或墙体的管道较多、形状较复杂、面积较小和变截面等特点。在这种条件下，如果用卷材类材料进行防水，则因防水卷材在施工时的剪口和接缝多，很难粘结牢固和封闭严密，难以形成一个弹性与整体的防水层，比较容易发生渗漏水等工程质量事故，影响了厕浴间装饰质量及其使用功能。

为了确保厕浴间的防水工程质量，通过大量的实验和厕浴间防水工程的施工实践，证明以涂膜防水或铺抹聚合物水泥砂浆防水，可以使厕浴间的地面和墙面形成一个连续、无缝、封闭的整体防水层，从而保证了厕浴间的防水工程质量。

4-2 如何在厕浴间防水工程中采用聚氨酯涂膜防水施工?

1. 材料及施工机具

材料及施工机具与本书“地下室工程聚氨酯涂膜防水施工”的对应部分相同。

2. 对基层的要求及处理

（1）厕浴间的防水基层应用 1∶2.5 的水泥砂浆抹找平层，要求抹平压光无空鼓，表面要坚实，不应有起砂掉灰现象。在抹找平层时，凡遇到管子根的周围，要使其略高于地平面，而在地漏的周围，则应做成略低于地平面的洼坑。

（2）厕浴间地面找平层的坡度以2%为宜，凡遇到阴阳角处，要抹成半径10mm左右的小圆弧。

（3）穿过楼地面或墙壁的管件（如套管、地漏等）以及卫生洁具等，必须安装牢固，收头圆滑，下水管转角墙的坡角及其与立墙之间的距离应按图4-1施工。

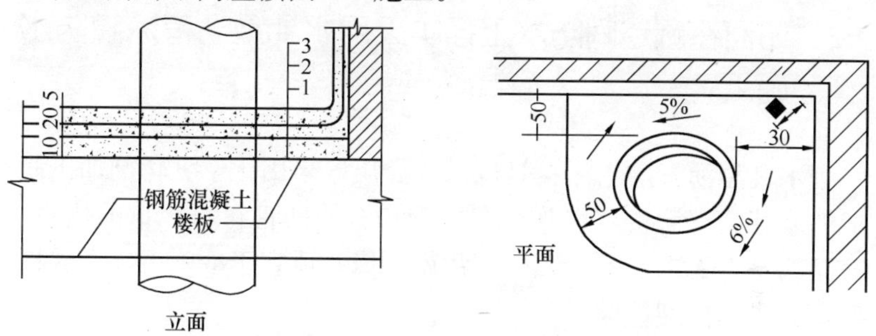

图4-1　厕浴间下水管转角墙立面及平面图

1—水泥砂浆找平层；2—涂膜防水层；3—水泥砂浆抹面

（4）基层应基本干燥，一般在基层表面均匀泛白无明显水印时，才能进行涂膜防水层的施工。施工前要把基层表面的尘土杂物彻底清扫干净。

3. 施工工艺

涂膜防水材料的配制及其施工工艺与本书“地下室工程聚氨酯涂膜防水施工”的对应部分基本相同。

所不同的是，因为防水层施工的面积较小，一般可采用油漆刷或小型滚刷进行涂布施工，由于涂膜固化后的拉伸强度较高延伸率较大，故在阴角部位不必铺贴聚酯纤维无纺布进行增强处理。但在涂布涂膜防水层时，对管子根、地漏，平面与立面转角处以及下水管转角墙部位，必须认真涂布好，并要求涂层比大面的厚度增加0.5mm左右，以便确保防水工程质量。在涂布最后一度涂膜后，在该度涂膜固化前，应及时稀稀地撒上少许干净的料径为2～3mm的砂子，使其与涂膜防水层粘结牢固，作为与水泥砂浆粘结的过渡层。

4. 饰面保护层的施工

当涂膜防水层完全固化和通过蓄水试验、检查验收合格后，即可铺设一层厚度为15～20mm的水泥砂浆保护层，然后可根据设计要求，铺设陶瓷锦砖、石材等饰面层。

4-3 如何在厕浴间防水工程中采用水乳型沥青涂膜防水施工？

水乳型沥青防水涂料是以水为介质，采用化学乳化剂加工制成的改性沥青涂料，它兼具有橡胶和石油沥青材料双重的优点。该涂料基本无毒、不易燃、不污染环境，适宜于冷施工，成膜性好，涂膜的抗裂性较强。

1. 材料及施工机具

(1) 水乳型沥青防水涂料：水乳型沥青防水涂料分为H型和L型两个品种，其主要技术性能指标应符合表4-1的要求。

水乳型沥青防水涂料主要技术性能 **表4-1**

项　　目	性能指标	
	L型	H型
固体含量（%）≥	45	
耐热度（℃）	80±2	110±2
	无滑动、流淌、滴落	
不透水性	0.1MPa，30min无渗水	
表干时间（h）≤	8	
实干时间（h）≤	24	
低温柔度（℃）≤	−15	0
断裂伸长率（%）≥	600	

(2) 中碱涂复玻璃纤维布：幅宽96cm；14目。

如果采用50～60g/m^{2}的聚酯纤维无纺布代替玻璃纤维布作增强材料，效果更佳。

(3) 施工机具

1) 大棕毛刷：板长 240～400mm；

2) 人造毛滚刷：ϕ60×250；

3) 小油漆刷：50～100mm；

4) 扫帚：清扫基层用。

2. 对基层的要求及条件准备

用水乳型沥青涂料做防水层时，基层质量的好坏对防水层的质量和耐久性影响很大，因此，对基层质量必须严格要求，其具体要求与本书“屋面工程涂膜防水施工”对应部分相同。

在自然光线不足的厕浴间施工时，应备有足够的照明；进行施工操作的人员要穿工作服、戴手套和穿平底的胶布鞋。

3. 施工工艺流程

抹水泥砂浆找平层→清理基层→涂刷第一遍涂料→铺贴玻璃纤维布紧接着涂刷第二遍涂料→涂刷第三遍涂料→涂刷第四遍涂料→蓄水试验 24～48h，不渗漏→做刚性保护层。

4. 施工要点

(1) 将桶装水乳型沥青防水涂料的铁桶盖拧紧后，放倒在地，滚动数次，使涂料搅拌均匀再立起，打开桶盖，把涂料倒入小铁桶中，施工时应随用随倒，随时将桶盖盖严，以免涂料表面干燥结膜影响使用。

(2) 阴角、管子根或地漏等，是容易发生渗漏水的部位，必须先铺一布二油进行附加补强处理。方法是将涂料用毛刷均匀涂刷在上述需要进行附加补强处理的部位，再按形状要求把剪裁好的玻璃纤维布或聚酯纤维无纺布粘贴好，然后涂刷涂料，待实干后，再按正常要求施工一布四油。

(3) 在干净的基层上均匀涂刷第二遍涂料，施工时可边铺边涂刷涂料，玻纤布或聚酯纤维无纺布的搭接宽度不应小于70mm，铺布过程中要用毛刷将布刷平整，以彻底排除气泡，并使涂料浸透布纹，不得有白槎、折皱。垂直面应贴高 250mm 以上，收头处必须粘贴牢固，封闭严密。

（4）第二遍涂料实干 24h 以上，再均匀涂刷第三遍涂料，表干 4h 以上再涂刷第四遍涂料。

（5）第四遍涂料实干 24h 以上，可进行蓄水试验，蓄水高度一般为 50～100mm，蓄水时间不小于 24h，无渗漏水现象，方可进行刚性保护层施工。

5. 质量要求

（1）水泥砂浆找平层完工后，应对其平整度、强度、坡度等进行预检验收。

（2）防水涂料应有质量证明书或现场取样的检测报告。

（3）施工完成的沥青涂膜防水层，不得有起鼓、裂纹、孔洞等缺陷。未端收头部位应粘贴牢固，封闭严密，成为一个整体的防水层。

（4）做完防水层的厕浴间，经 24h 以上的蓄水检验，无渗漏水现象方为合格。

（5）要提供检查验收记录，连同材料质量证明文件等技术资料一并归档备查。

6. 施工注意事项

（1）该涂料为水乳型液体，在 5℃以下的环境中不能进行防水层的施工。该材料应在 0℃以上的条件下贮存，以免受冻影响质量。

（2）在施工过程中要严禁上人踩踏未完全干燥的涂膜防水层；也不允许穿钉子鞋的人员进入施工现场，以免损坏涂膜防水层。

（3）凡要做附加补强层的部位，应先做补强层，然后进行大面防水层的施工。

（4）涂膜防水层做完实干后，一定要经蓄水试验无渗漏现象，方可进行刚性保护层的施工，施工时切勿损坏防水层，以免留下渗漏水的隐患。

厕浴间除采用聚氨酯涂膜和水乳型沥青涂料做防水层以外，尚可选用弹塑性能较好的硅橡胶渗透性防水涂料或聚合物水泥防水涂料等进行涂膜防水处理，其施工方法与聚氨酯涂膜或水乳型沥青涂膜的做法基本相同。同时，也可以采用铺抹聚合物水泥砂浆做防水层，其施工方法与本书“地下室工程采用聚合物水泥防水涂料施工”的相应部分相同。

五、建筑物特殊部位防水

5-1 建筑物特殊部位防水施工有哪些要求？

在现代化的建筑工程中，往往在楼地面或屋面上设有游泳池、喷水池、四季厅、屋顶（或室内）花园、种植屋面等，从而增加了这些工程部位建筑防水施工的难度。为了确保这些特殊部位的防水工程质量，最好采用现浇的防水混凝土结构作垫层，同时选用高弹性无接缝的聚氨酯涂膜、喷涂聚脲、喷涂速凝橡胶沥青防水涂料等与合成高分子卷材相复合，进行刚柔并用，多道设防，综合防水施工做法。种植屋面防水必须选用一道具有耐根穿刺功能的防水层。

1. 材料及施工机具

聚氨酯涂膜防水涂料、合成高分子类防水卷材和辅助材料以及施工机具等，与本书“地下室工程合成高分子防水卷材施工”和“聚氨酯涂膜防水施工”的对应部分相同。

2. 防水构造

楼层或屋面游泳池的防水构造如图 5-1 和图 5-2（喷水池、花园等的防水构造也基本相同）所示。

3. 施工要点

（1）对基层的要求及处理

楼层地面或屋顶游泳池、喷水池、花园等基层应为全现浇的整体防水混凝土结构，其表面抹水泥砂浆找平层，要求抹平压光，不允许有空鼓、起砂掉灰等缺陷存在，凡穿过楼层地面或立墙的管件（如进出水管、水底灯电线管、池壁爬梯、池内挂钩、制浪喷头、水下音响以及排水口等），都必须安装牢固、收头圆

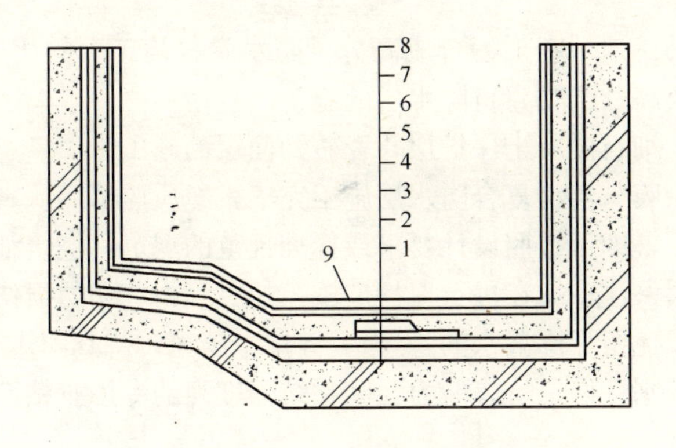

图 5-1　楼层地面或屋顶游泳池防水构造

1—现浇防水混凝土结构；2—水泥砂浆找平层；3—聚氨酯涂膜防水层；4—三元乙丙橡胶卷材防水层；5—卷材附加补强层；6—细石混凝土保护层；7—瓷砖胶粘剂；8—瓷砖饰面层；9—嵌缝密封膏

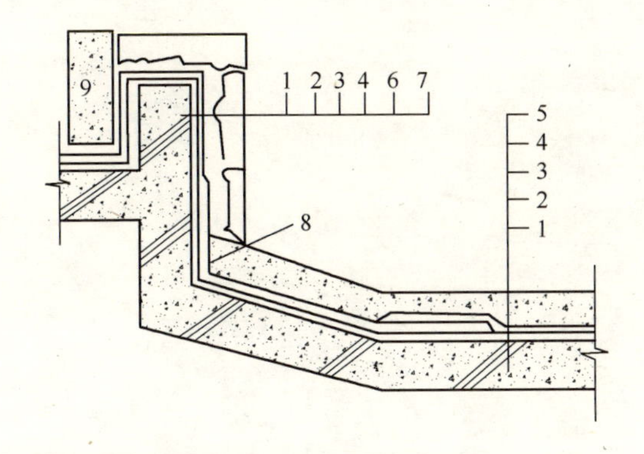

图 5-2　楼层地面或屋顶喷水池池沿防水构造

1—现浇防水混凝土结构；2—水泥砂浆找平层；3—聚氨酯涂膜防水层；4—三元乙丙橡胶卷材防水层；5—细石混凝土保护层；6—水泥砂浆粘结层；7—花岗石护壁饰面层；8—嵌缝密封膏；9—混凝土压块饰面层

滑。做防水层施工前，基层表面应全面泛白无水印，并要将基层表面的尘土杂物彻底清扫干净。

（2）防水层的施工

涂膜防水层施工完毕并完全固化，蓄水 24h 以上，经认真检查确无渗漏现象，即可把水全部排放掉，待涂膜表面完全干燥，再按本书“地下室工程合成高分子防水卷材施工”的相应部分，进行合成高分子类卷材防水层的施工。

（3）细石混凝土保护层与瓷砖饰面层的施工

在涂膜与卷材复合防水层施工完毕，经质监部门认真检查验收合格后，即可按照设计要求或标准规范的规定，浇筑细石混凝土保护层（注意：在进行保护层施工的过程中，切勿损伤复合防水层，以免留下渗漏水的隐患），并抹平压光，待其固体干燥后，再选用耐水性好、抗渗能力强和粘结强度高的专用胶粘剂粘贴瓷砖饰面层。

六、外墙防水

6-1 国家行业标准对外墙防水有何要求?

年降水量在 200mm 以上地区的高层建筑外墙均应采取防水设防措施。在合理使用和正常维护的条件下，高层建筑外墙防水工程应根据建筑物类别和环境条件，应符合表 6-1 确定的防水设防等级和合理使用年限。

外墙防水设防等级及合理使用年限　　表 6-1

<table>
<tr><td rowspan="2">防水设防等级</td><td colspan="2">外墙防水设防等级</td></tr>
<tr><td>Ⅰ级</td><td>Ⅱ级</td></tr>
<tr><td>防水合理使用年限</td><td>≥25 年</td><td>≥15 年</td></tr>
<tr><td rowspan="3">建筑物类别和环境条件</td><td>年降水量≥800mm、基本风压≥0.5kPa 地区的建筑外墙</td><td rowspan="3">Ⅰ级设防等级以外且年降水量≥200mm 地区的建筑外墙</td></tr>
<tr><td>年降水量≥800mm 地区、有外保温的建筑外墙</td></tr>
<tr><td>对防水有较高要求的建筑外墙</td></tr>
</table>

建筑外墙的防水层应设置在迎水面。

6-2 外墙防水宜选用哪些防水材料? 其性能有何要求?

高层建筑外墙防水所使用的防水材料主要有普通防水砂浆、聚合物水泥防水砂浆、丙烯酸防水涂料、聚氨酯防水涂料、防水透气膜及硅酮建筑密封胶、聚氨酯建筑密封胶、聚硫建筑密封胶、丙烯酸酯建筑密封胶等相关材料。材料的性能指标应分别符合相关标准的要求。

（1）普通防水砂浆性能指标应符合表6-2要求。

普通防水砂浆主要性能指标　　表6-2

项　　目		指　　标
凝结时间	初凝（min）	≥45
	终凝（h）	≤24
抗渗压力（MPa）	7d	≥0.6
粘结强度（MPa）	7d	≥0.5
收缩率（%）	28d	≤0.5

（2）聚合物水泥防水砂浆性能指标应符合表6-3要求。

聚合物水泥防水砂浆主要性能指标　　表6-3

项　　目		指　　标
凝结时间	初凝（min）	≥45
	终凝（h）	≤24
抗渗压力（MPa）	7d	≥1.0
粘结强度（MPa）	7d	≥1.0
收缩率（%）	28d	≤0.15

（3）聚合物水泥防水涂料性能指标应符合表6-4要求。

聚合物水泥防水涂料主要性能指标　　表6-4

项　　目	指　　标		
	Ⅰ型	Ⅱ型	Ⅲ型
固体含量（%）≥	70	70	70
拉伸强度（无处理）(MPa)≥	1.2	1.8	1.8
断裂延伸率（无处理）(%)≥	200	80	30
低温柔性（ϕ10棒）	−10℃无裂纹	—	—
粘结强度（无处理）(MPa)≥	0.5	0.7	1.0
不透水性	不透水	不透水	不透水
抗渗性（砂浆背水面）(MPa)≥	—	0.6	0.8

（4）聚合物乳液防水涂料性能指标应符合表 6-5 要求。

聚合物乳液防水涂料主要性能指标　　表 6-5

项　目		指　标	
		Ⅰ类	Ⅱ类
拉伸强度（MPa）≥		1.0	1.5
断裂延伸率（%）≥		300	
低温柔性（ϕ10 棒，棒弯 180°）		−10℃，无裂纹	−20℃，无裂纹
不透水性 0.3MPa，30min		不透水	
固体含量（%）≥		65	
干燥时间（h）	表干≤	4	
	实干≤	8	

（5）聚氨酯防水涂料性能指标应符合表 6-6 要求。

聚氨酯防水涂料主要性能指标　　表 6-6

项　目		指　标	
		Ⅰ类	Ⅱ类
拉伸强度（MPa）≥		1.90	2.45
断裂延伸率（%）≥		550（单组分）；450（双组分）	450
低温弯折性（℃）		−40℃（单组分）；−35℃（双组分）	
不透水性(0.3MPa,30min)		不透水	
固体含量（%）≥		80（单组分）；92（双组分）	
干燥时间（h）	表干≤	12（单组分）；8（双组分）	
	实干≤	24	

（6）防水透气膜性能指标应符合表 6-7 要求。

防水透气膜主要性能指标　　表 6-7

类型 项目	标准型	检测方法
透水蒸气性（g/m^2·24h）≥	220	GB/T 1037—1988
不透水性（mm，2 小时）≥	1000	GB/T 328.10—2007
拉伸强度（N/50mm）≥	260	GB/T 328.9—2007
断裂伸长率（%）≥	12	
撕裂强度（N）≥	38	GB/T 328.18—2007

（7）硅酮建筑密封胶性能指标应符合表 6-8 要求。

硅酮建筑密封胶主要性能指标 **表 6-8**

项目		指标			
		25HM	20HM	25LM	20LM
拉伸模量（MPa）	23℃	＞0.4 或＞0.6		≤0.4 和≤0.6	
	－20℃				
定伸粘结性（%）		无破坏			
挤出性（mL/min）		≥80			
下垂度（mm）	垂直	≤3			
	水平	无破坏			
表干时间（h）		≤3			

（8）聚氨酯建筑密封胶性能指标应符合表 6-9 要求。

聚氨酯建筑密封胶主要性能指标 **表 6-9**

项目		指标	
拉伸模量（MPa）	23℃	HM＞0.4	LM≤0.4
	－20℃	或＞0.6	和≤0.6
定伸粘结性		无破坏	
挤出性（单组分）（mL/min）		≥80	
适用期（多组分）（h）		≥1	
流动性	下垂度（mm）	≤3	
	流平性	光滑平整	
表干时间（h）		≤24	

（9）聚硫建筑密封胶性能指标应符合表 6-10 要求。

聚硫建筑密封胶主要性能指标 **表 6-10**

项目		指标		
		20HM	25LM	20LM
定伸粘结性		无破坏		
弹性恢复率（%）		≥70		
适用期（多组分）（h）		≥1		
流动性	下垂度（mm）	≤3		
	流平性	光滑平整		
表干时间（h）		≤24		

（10）丙烯酸酯建筑密封胶性能指标应符合表 6-11 要求。

丙烯酸酯建筑密封胶主要性能指标　　表 6-11

项　目	指　标		
	12.5E	12.5P	7.5P
下垂度（mm）	≤3		
表干时间（h）	≤1		
挤出性（mL/min）	≥100		
弹性恢复率（%）	≥40	报告实测值	
定伸粘结性（%）	无破坏	—	
断裂伸长率（%）	—	≥100	
低温柔性（℃）	−20	−5	

6-3　高层建筑外墙防水构造有哪几种？

高层建筑外墙防水按照保温情况可分为外保温、内保温和无保温三类；按照防水材料类型可分为刚性防水材料、柔性防水涂料、防水透气膜三类；按照防水层保护情况可分为外露型（防水层兼保护层）、块材保护层、水泥砂浆保护层、涂料保护层四类。高层建筑外墙防水构造应按照建筑的类型、使用功能、环境条件、防水设防等级要求进行合理的设计。

（1）无保温层的防水构造

1）采用面砖饰面时，防水层宜采用防水砂浆。防水设防等级为Ⅰ级时，宜采用聚合物水泥防水砂浆，厚度应不小于 5mm。防水设防等级为Ⅱ级时，聚合物水泥防水砂浆厚度应不小于 3mm；采用普通防水砂浆时，厚度应不小于 8mm。

2）采用防水涂料饰面时，防水设防等级为Ⅰ级的涂层厚度应不小于 1.5mm，防水设防等级为Ⅱ级的涂层厚度应不小于 1.2mm。

3）采用干挂幕墙饰面时，防水层宜采用防水砂浆、聚合物水泥防水涂料、丙烯酸防水涂料、聚氨酯防水涂料或防水透气膜。防水砂浆品种及厚度应符合第 1）条的规定；防水涂料厚度应不小于 1.0mm。

高层建筑外墙无保温层的防水构造如图 6-1～图 6-4 所示。

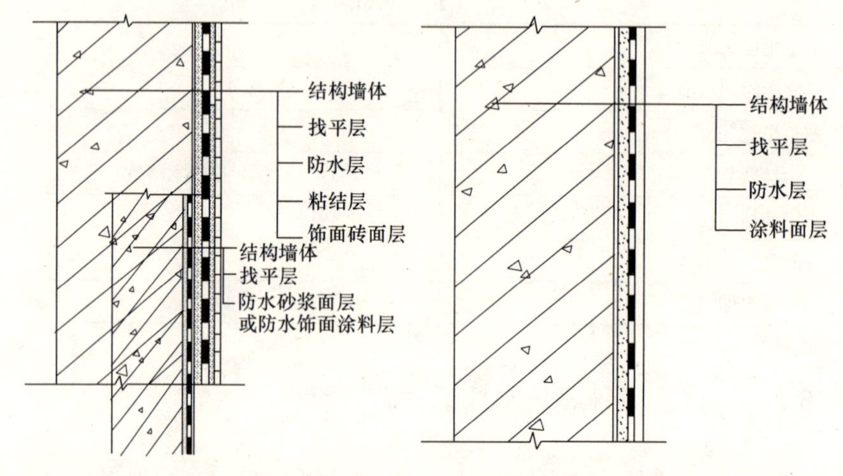

图 6-1　砖饰面外墙防水构造　　图 6-2　涂料饰面外墙防水构造

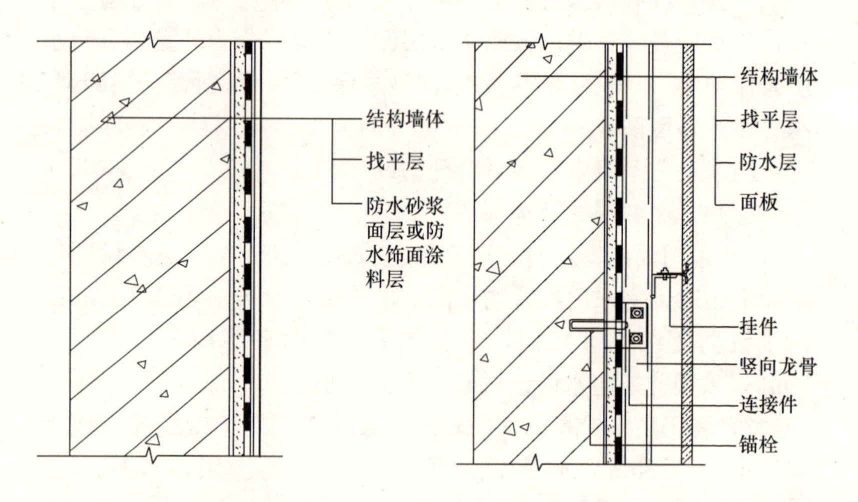

图 6-3　防水砂浆饰面外墙防水构造　　图 6-4　干挂幕墙饰面外墙防水构造

(2) 有外保温层的防水构造

1) 采用面砖饰面时，防水层宜采用聚合物水泥防水砂浆，防水等级为Ⅰ级的防水砂浆厚度不宜小于 8mm；防水等级为Ⅱ级的砂浆厚度不宜小于 5mm。

2) 聚合物水泥砂浆防水层中应增设耐碱玻纤网格布，并用锚栓固定于结构墙体中。

3) 采用干挂幕墙饰面时，防水层宜采用聚合物水泥防水砂浆、聚合物水泥防水涂料、丙烯酸防水涂料、聚氨酯防水涂料或防水透气膜。防水砂浆厚度应符合第（1）条的规定；防水涂料厚度应不小于 1.0mm。防水等级为Ⅰ级时，防水透气膜厚度应不小于 0.25mm；防水等级为Ⅱ级时，防水透气膜厚度应不小于 0.15mm。

4) 保温系统的抗裂砂浆层兼做防水层时，其材料性能和技术要求应符合聚合物水泥防水砂浆的相关规定。

高层建筑外墙有外保温层的防水层构造如图 6-5～图 6-7 所示。

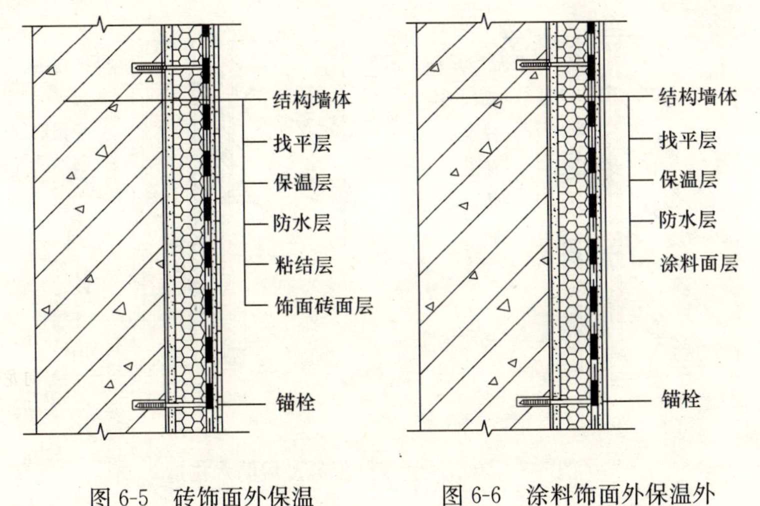

图 6-5　砖饰面外保温外墙防水构造

图 6-6　涂料饰面外保温外墙防水构造

防水透气膜用作外保温外墙防水层时，其构造如图 6-8 所示。

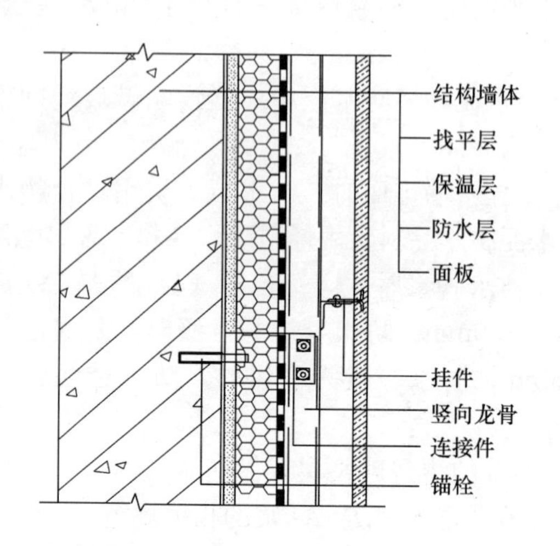

图 6-7　幕墙饰面外保温外墙防水构造

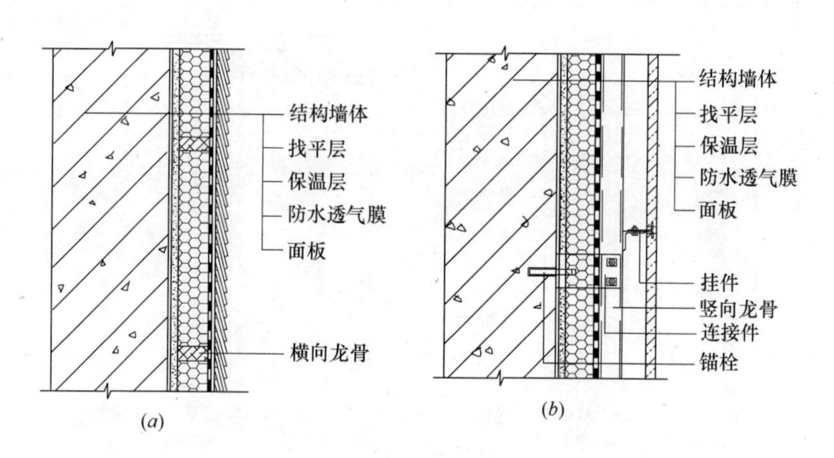

图 6-8　防水透气膜外保温外墙防水构造

（3）内保温外墙的防水防护构造如图 6-9～图 6-12 所示。

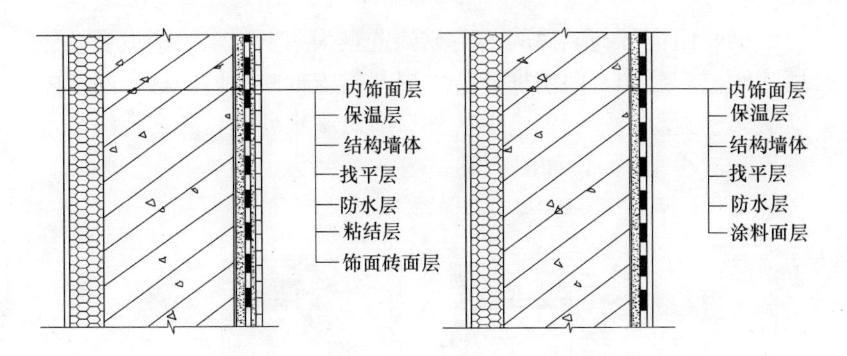

图 6-9　砖饰面内保温外墙防水构造

图 6-10　涂料饰面内保温外墙防水构造

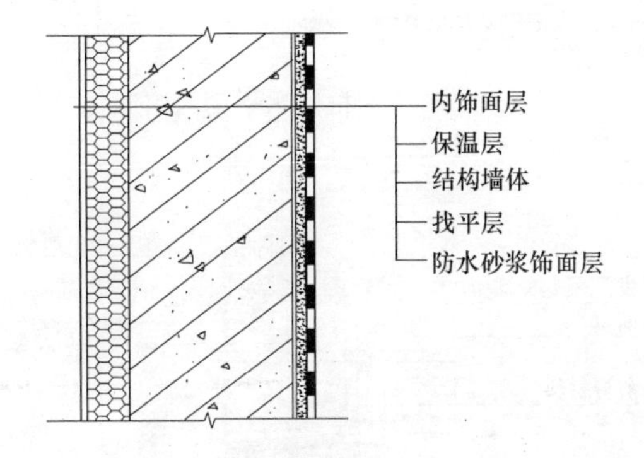

图 6-11　防水砂浆饰面内保温外墙防水构造

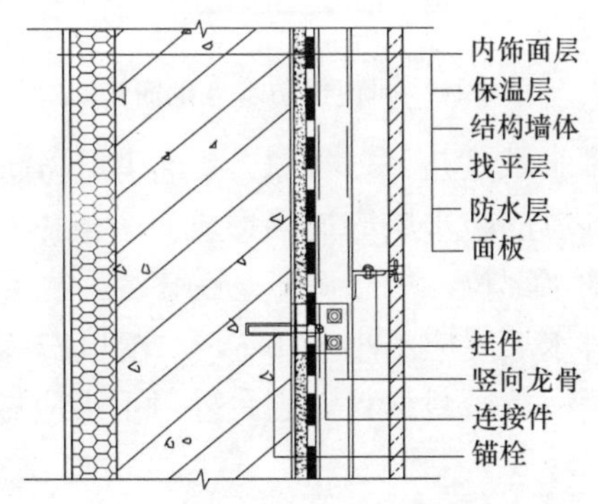

图 6-12　幕墙饰面内保温外墙防水构造

（4）门窗框与墙体间的缝隙构造宜采用发泡聚氨酯填充；外墙防水层应延伸至门窗框，防水层与门窗框间预留凹槽，凹槽内应嵌填密封材料；门窗上楣的外口应做滴水处理；外窗台的排水坡度不应小于5%，如图6-13、图6-14所示。

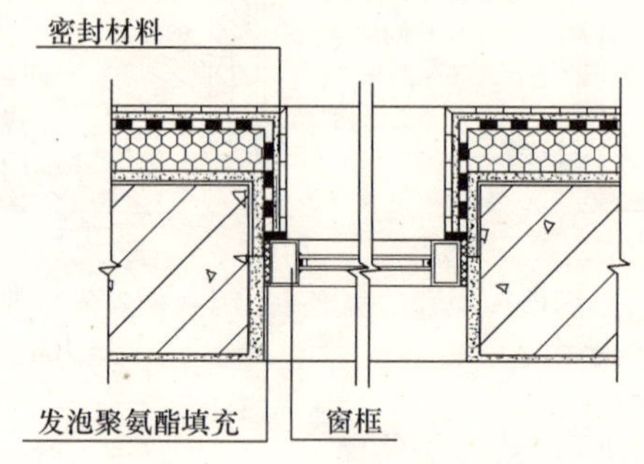

图6-13　门窗框防水平剖面构造

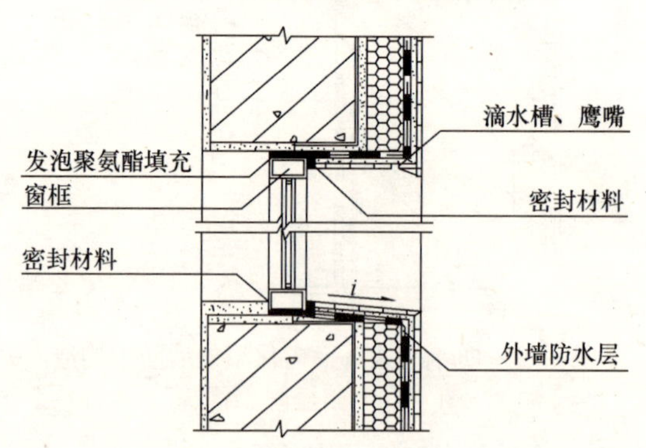

图6-14　门窗框防水立剖面构造

（5）雨篷排水坡度应不小于1%，外口下沿应做滴水处理；雨篷防水层与外墙的防水层应连接形成一个整体，雨篷防水层应沿外口下翻至滴水部位，如图6-15所示。

（6）阳台排水坡度应不小于1%，水落口安装不得高于防水层，周边应留槽嵌填密封材料，阳台外口下沿应做滴水处理，如图6-16所示。

（7）变形缝处应增设合成高分子防水卷材附加层，卷材两端

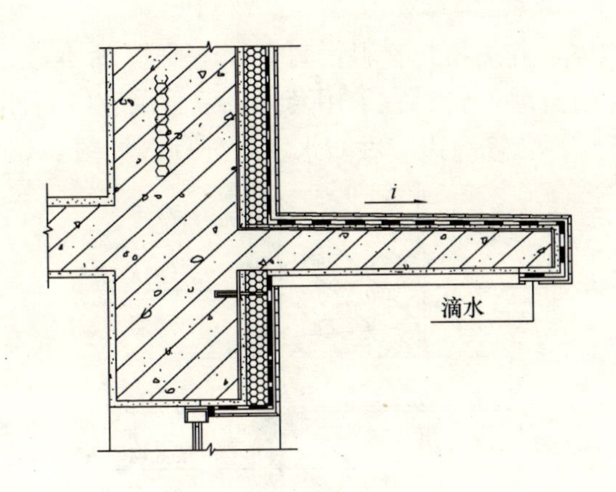

图 6-15　雨篷防水构造

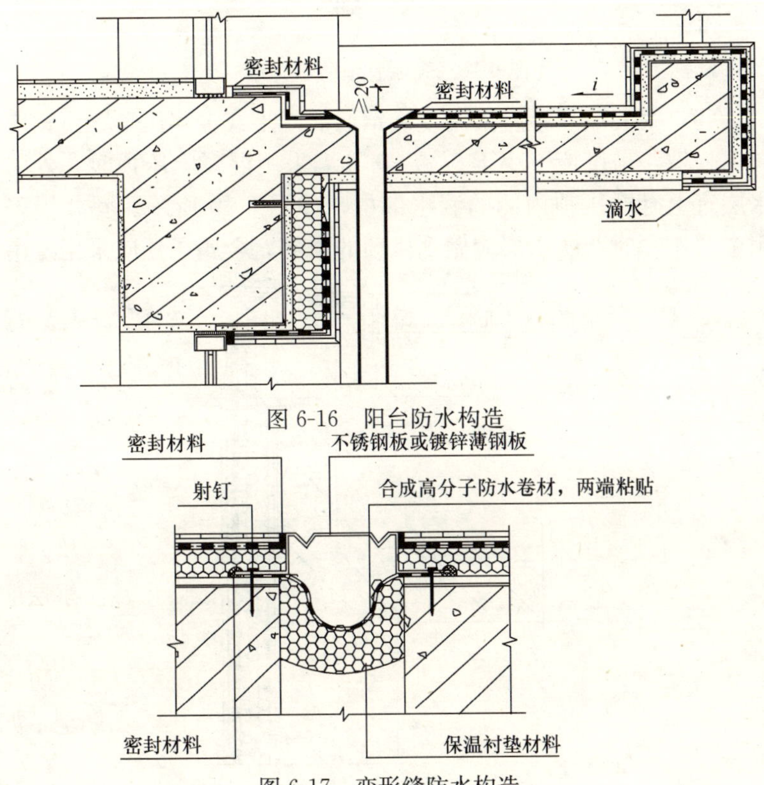

图 6-16　阳台防水构造

图 6-17　变形缝防水构造

应满粘于墙体，并用密封材料密封，如图 6-17 所示。

（8）穿过外墙的管道宜采用套管，墙管洞应内高外低，坡度应不小于 5%，套管周边应做防水密封处理，如图 6-18 所示。

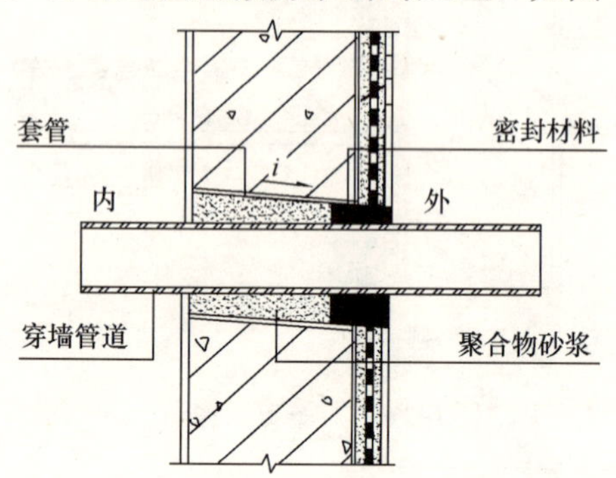

图 6-18　穿墙管道防水构造

（9）女儿墙压顶宜采用现浇钢筋混凝土或金属压顶，压顶应向内找坡，坡度应不小于 5%。女儿墙采用混凝土压顶时，外防水层宜上翻至压顶内侧的滴水部位，如图 6-19 所示。女儿墙采用金属压顶时，防水层应做到压顶的顶部，金属压顶应采用专用

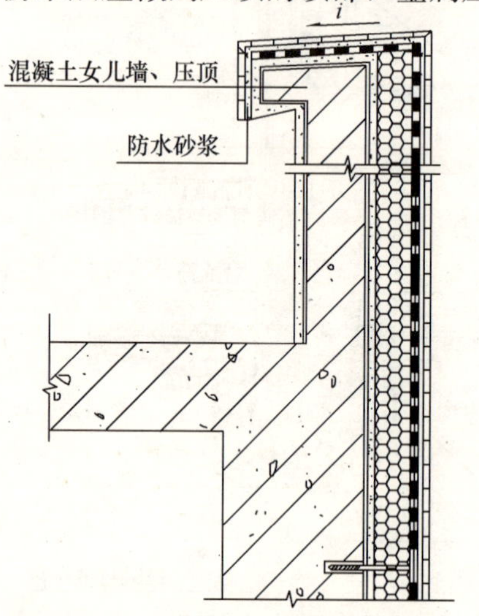

图 6-19　混凝土压顶女儿墙防水构造

金属配件固定，如图 6-20 所示。

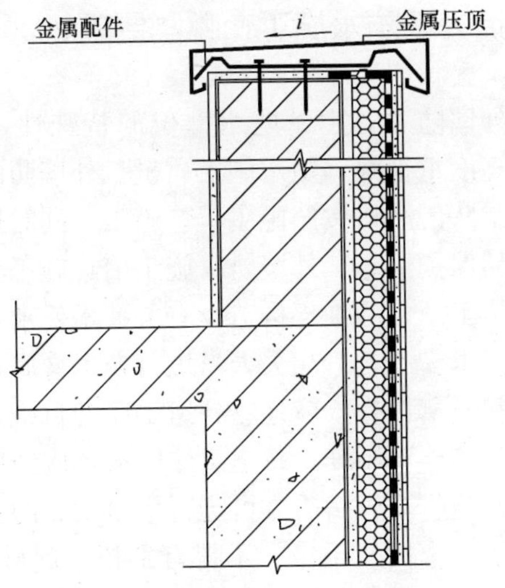

图 6-20　金属压顶女儿墙防水构造

（10）外墙防水层应延伸至保温层底部以下并不应小于 150mm，防水层收头应用密封材料封严，如图 6-21 所示。

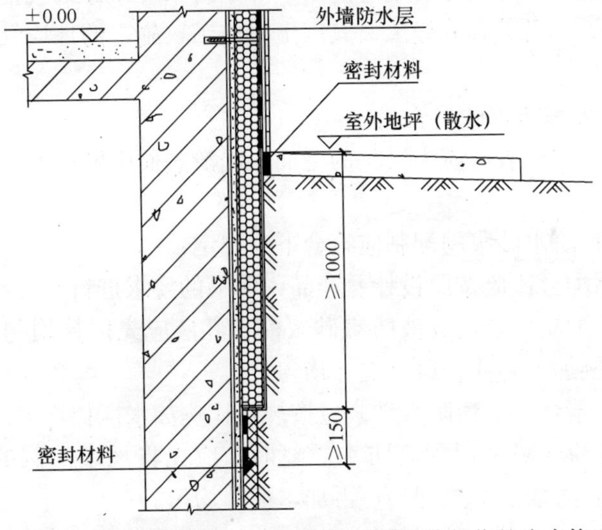

图 6-21　外墙外保温结构与地下室墙体交接部位的防水构造

6-4 高层建筑外墙防水施工有哪些要求?

高层建筑外墙防水，由于防水部位的特殊性，返修成本很高，因此，应高度重视外墙防水施工质量。外墙防水施工质量不仅需要专业施工队伍严格按照施工工艺施工，同时还涉及前后工序的质量与成品保护措施。外墙防水施工前，施工单位应通过图纸会审，掌握施工图中的细部构造及有关技术要求，编制外墙防水施工方案或技术措施，对相关人员进行技术交底；外墙施工应进行过程控制和质量检查；应建立各道工序的自检、交接检和专职人员检查的“三检”制度，每道工序完成，应经监理单位（或建设单位）检查验收，合格后方可进行下道工序的施工；外墙防水的基面应坚实、牢固、干净，不得有酥松、起砂、起皮现象，平整度应符合相关防水材料的要求；外墙门、窗框应在防水层施工前安设牢固，并经验收合格；伸出外墙的管道、设备或预埋件应在建筑外墙防水施工前安设完华；外墙防水层完成后，应采取保护措施，不得损坏防水防护层；外墙防水应掌握天气情况，严禁在雨天、雪天和五级风及其以上时施工，施工的环境气温宜为5～35℃。

1. 外墙防水砂浆施工

（1）基层表面应为平整的毛面，光滑表面应做界面处理，并充分湿润。

（2）防水砂浆的配制应符合下列规定：

1）配合比应按照设计及产品说明书的要求进行。

2）配制聚合物乳液防水砂浆前，乳液应先搅拌均匀，再按规定比例加入到拌合料中搅拌均匀。

3）聚合物干粉防水砂浆应按规定比例如水搅拌均匀。

4）粉状防水剂配制防水砂浆时，应先将规定比例的水泥、砂和粉状防水剂干拌均匀，再加水搅拌均匀。

5）液态防水剂配制防水砂浆时，应先将规定比例的水泥和砂干拌均匀，再加入用水稀释的液态防水剂搅拌均匀。

(3) 配制好的防水砂浆宜在 1h 内用完；施工中不得任意加水。

(4) 界面处理材料涂刷应薄而均匀，覆盖完全。收水后及时进行防水砂浆的施工。

(5) 铺抹防水砂浆施工应符合下列规定：

1) 厚度大于 10mm 时应分层施工，第二层应待前一层指触不粘时进行，各层应粘结牢固。

2) 每层宜连续施工，如必须留槎时，应采用阶梯坡形槎，接槎部位离阴阳角不得小于 200mm；上下层接槎应错开 300mm 以上。接槎应依层次顺序操作，层层搭接紧密。

3) 喷涂施工时，喷枪的喷嘴应垂直于基面，合理调整压力以及喷嘴与基面距离。

4) 铺抹时应压实、抹平；如遇气泡应挑破，保证铺抹密实。

5) 抹平、压实应在初凝前完成。

6) 抗裂砂浆层的中间宜设置耐碱玻纤网格布或金属网片。金属网片宜与墙体结构固定牢固。玻纤网格布铺贴应平整无皱折，两幅间的搭接宽度不应小于 50mm。

(6) 窗台、窗楣和凸出墙面的腰线等，应将其上表面做成向外不小于 5％的排水坡，外口下沿应做滴水处理。

(7) 砂浆防水层宜留分格缝，分格缝宜设置在墙体结构不同材料交接处，水平缝宜与窗口上沿或下沿平齐；垂直缝间距不宜大于 6m，且宜与门、窗框两边垂直线重合。缝宽宜为 8～10mm，缝深同防水层厚度，防水砂浆达到设计强度的 80％后，将分格缝清理干净，用密封材料封严。

(8) 砂浆防水层转角宜抹成圆弧形，圆弧半径不应小于 5mm，分层抹压顺直。

(9) 门框、窗框、管道、预埋件等与防水层相接处应留 8～10mm 宽的凹槽，深度同防水层厚度，防水砂浆达到设计强度的 80％后，用密封材料嵌填密实。

（10）砂浆防水层未达到硬化状态时，不得浇水养护或直接受雨水冲刷。聚合物水泥防水砂浆硬化后应采用干湿交替的养护方法；其他砂浆防水层应在终凝后进行保湿养护。养护时间不宜少于 14d。养护期间不得受冻。

（11）施工结束后，应及时将施工机具清洗干净。

2. 外墙防水涂料施工

（1）涂料施工前应先对细部构造进行密封或增强处理。

（2）涂料的配制和搅拌应符合下列规定：

1）双组分涂料配制前，应将液体组分搅拌均匀。配料应按照规定进行，不得任意改变配合比。

2）应采用机械搅拌，配制好的涂料应色泽均匀，无粉团、沉淀。

（3）涂料涂布前，应先涂刷基层处理剂。

（4）涂膜宜多遍完成，后遍涂布应在前遍涂层干燥成膜后进行。挥发性涂料的每遍用量不宜大于 $0.6kg/m^2$。

（5）每遍涂布应交替改变涂层的涂布方向，同一涂层涂布时，先后接槎宽度宜为 30～50mm。

（6）涂膜防水层的甩槎应注意保护，接槎宽度应不小于 100mm，接涂前应将甩槎表面清理干净。

（7）胎体增强材料应铺贴平整、排除气泡，不得有褶皱和胎体外露，胎体层应充分浸透防水涂料；胎体的搭接宽度不应小于 50mm。胎体的底层和面层涂膜厚度均不应小于 0.5mm。

（8）涂膜防水层完工并经验收合格后，应及时做好饰面层。饰面层施工时应有成品保护措施。

3. 防水透气膜施工

（1）基层表面应平整、干净、干燥、牢固，无尖锐凸起物。

（2）铺设宜从外墙底部一侧开始，将防水透气膜沿外墙横向展开，铺于基面上，沿建筑立面自下而上横向铺设，按顺水方向上下搭接，当无法满足自下而上铺设顺序时，应确保顺流水方向上下搭接。

（3）防水透气膜横向搭接宽度不得小于 100mm，纵向搭接宽度不得小于 150mm。搭接缝应采用配套胶粘带粘结。相邻两幅膜的纵向搭接缝应相互错开，间距不宜小于 500mm。

（4）防水透气膜搭接缝应采用配套胶粘带覆盖密封。

（5）防水透气膜应随铺随固定，固定部位应预先粘贴小块丁基胶带，用带塑料垫片的塑料锚栓将防水透气膜固定在基层墙体上，固定点不得少于 3 处/m^2。

（6）铺设在窗洞或其他洞口处的防水透气膜，以“I”字形裁开，用配套胶粘带固定在洞口内侧。与门、窗框连接处应使用配套胶粘带满粘密封，四角用密封材料封严。

（7）幕墙体系中穿透防水透气膜的连接件周围应用配套胶粘带封严。

七、建筑工程防水质量要求

7-1 建筑防水工程质量有哪些要求？

（1）建筑防水质量应符合下列规定：

1）防水层不得有渗漏现象。

2）使用的材料应符合设计要求和产品质量标准的规定。

3）找平层应平整、坚固，不得有空鼓、酥松、起砂、起皮现象。

4）防水构造应符合设计要求。

5）砂浆防水层应坚固、平整，不得有空鼓、开裂、酥松、起砂、起皮现象。防水层平均厚度不应小于设计厚度，最薄处不应小于设计厚度的80％。

6）涂膜防水层应无裂纹、皱折、流淌、鼓泡、翘边和露胎体现象。平均厚度不应小于设计厚度，最薄处不应小于设计厚度的80％。

7）卷材防水层应铺设平整、固定牢固，不得有皱折、翘边等现象。搭接宽度符合设计要求，搭接缝应粘结牢固，封闭严密。

（2）建筑防水使用的材料应有产品合格证和出厂检验报告，材料的品种、规格、性能等应符合国家现行标准和设计要求。对进场的防水材料应按规定抽样复验，并提出试验报告，不合格的材料不得在工程中使用。

（3）建筑防水工程验收的文件应符合表7-1的要求。

（4）建筑防水工程隐蔽验收记录的主要内容：

1）防水层的基层；

2）复合防水层或多道设防中的隐蔽防水层；

高层建筑防水工程验收的文件 **表 7-1**

序号	项　目	文件和记录
1	防水设计	设计图纸及会审记录，设计变更通知单
2	施工方案	施工方法、技术措施、质量保证措施
3	技术交底记录	施工操作要求及注意事项
4	材料质量证明文件	出厂合格证、质量检验报告和试验报告
5	中间检查记录	分项工程质量验收记录、隐蔽工程验收记录、施工检验记录、雨后或淋水检验记录
6	施工日志	逐日施工情况
7	工程检验记录	抽样质量检验、现场检查
8	施工单位资质证明及施工人员上岗证件	资质证书及上岗证复印件
9	其他技术资料	事故处理报告、技术总结等

3）密封防水处理部位；

4）细部构造做法。

（5）建筑防水工程验收后，应填写分项工程质量验收记录，连同防水工程的其他资料一起交建设单位和施工单位存档。

参 考 文 献

[1] GB 50208—2011 地下防水工程质量验收规范.

[2] GB 50108—2008 地下工程防水技术规范.

[3] GB 50345—2004 屋面工程技术规范.

[4] 屋面工程质量验收规范.